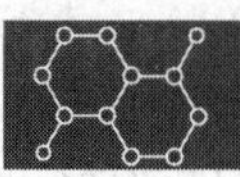

高等学校规划教材

BASIC CHEMISTRY EXPERIMENT

基础化学实验

刘文勇 夏 勇 周晓媛 主编

化学工业出版社

·北京·

内容简介

《基础化学实验》有机整合无机化学、分析化学、有机化学、物理化学四大化学的实验教学内容，以“基础性、实用性、综合性、创新性”为原则，优化基础化学实验教学内容。全书主要内容包括绪论、无机与分析化学实验、有机化学实验、物理化学实验四章，其中：绪论部分包括实验目的、实验安全、实验误差与数据表达以及化学实验基本操作等内容；无机与分析化学实验部分设置了20个实验项目，有机化学实验部分设置了15个实验项目，物理化学实验部分设置了19个实验项目，通过合理设计基础化学实验教学各个环节，以期巩固学生的化学基础理论知识、训练学生的化学实验操作技能、培养学生的严谨细致的科学态度。

《基础化学实验》可作为高等理工类院校化学类、化工类、材料类、生物类等相关专业的基础化学实验课程的教材。

图书在版编目（CIP）数据

基础化学实验/刘文勇，夏勇，周晓媛主编. —北京：化学工业出版社，2022.3
高等学校规划教材
ISBN 978-7-122-40527-2

Ⅰ.①基… Ⅱ.①刘… ②夏… ③周… Ⅲ.①化学实验-高等学校-教材 Ⅳ.①O6-3

中国版本图书馆CIP数据核字（2021）第273001号

责任编辑：褚红喜　宋林青　　文字编辑：公金文　葛文文
责任校对：宋　夏　　装帧设计：刘丽华

出版发行：化学工业出版社（北京市东城区青年湖南街13号　邮政编码100011）
印　　装：三河市延风印装有限公司
787mm×1092mm　1/16　印张10½　字数231千字　　2022年3月北京第1版第1次印刷

购书咨询：010-64518888　　售后服务：010-64518899
网　　址：http://www.cip.com.cn
凡购买本书，如有缺损质量问题，本社销售中心负责调换。

定　　价：32.00元

前言

无机化学、分析化学、有机化学、物理化学四大化学，是高等院校化学化工类、材料类、生物类等相关专业必修的重要专业基础课，相应的基础化学实验是四大化学课程的重要组成部分，是全面实施素质教育的重要实践环节。基础化学实验在化学教学方面起着理论教学不能替代的重要作用，对巩固化学知识、训练化学实验技能、培养实事求是和严肃认真的科学态度具有重要意义。

本书依据四大化学课程教学的基本内容框架，参照各专业的培养目标和教学大纲，秉承“宽基础、重综合、强设计、突创新”的原则，由长期从事一线四大化学理论教学及实验教学的教师，结合多年积累的实验教学经验，在基础化学实验讲义的基础上精心编写而成。

本书坚持以“基础性、实用性、综合性、创新性”为准绳，优化实验内容，精选了体现时代特色的化学教育所必需的基础性、综合性、设计性的实验教学内容。全书主要包括绪论、无机与分析化学实验、有机化学实验和物理化学实验四章内容。通过有机整合四大化学实验教学内容，使实验操作、实验知识更加系统化，以形成特色性的基础化学实验体系。通过合理设计基础化学实验教学的各个具体环节，旨在使学生在学习巩固化学理论知识的同时，掌握化学实验的基本知识和基本操作技能，锻炼学生准确观察化学实验现象、分析实验结果、撰写实验报告、分析问题和解决问题的能力，培养学生严谨求实的科学态度。

参加本书编写工作的主要有湖南工业大学刘文勇（第一章、第四章、附录）、夏勇（第二章）、周晓媛（第三章）。刘文勇负责全书的策划和统稿工作，全书由刘文勇、夏勇、周晓媛修改和定稿。湖南工业大学基础化学实验中心的肖细梅、傅欣、段海婷、龚慧芳等共同参与完成本书的部分编写工作，湖南工业大学基础化学实验课程的相关教师对本书也提出了宝贵意见，并给予了极大的支持和帮助，在此表示衷心的感谢。

本书在编写过程中，博采众长，参考了众多的国内外同类教材、专著和相关文献，在此一并表示衷心的感谢。

限于编者的学识水平，书中不足之处在所难免，恳请同行专家和读者批评指正，以便再版时得以更正。

编　者

2021 年 10 月

目录

附录　基础化学实验常用数据表　/150

参考文献　/160

第一章 绪论

第一节 化学实验的目的、要求及注意事项

一、实验目的

化学实验是化学教学内容的一个重要组成部分，对以后进行专业课实验和培养独立工作能力具有很大帮助，必须以认真的科学态度做好每一个实验。实验的目的如下：

① 掌握化学实验的基本实验方法和实验技术，学会常用仪器的操作。

② 了解近代大中型仪器在化学实验中的应用，培养动手能力。

③ 通过实验操作、现象观察和数据处理，锻炼分析问题、解决问题的能力。

④ 加深对化学基本原理的理解，提供理论联系实际和理论应用于实践的机会。

⑤ 培养实事求是的科学态度和严肃认真、一丝不苟的科学作风。

二、实验要求

(1) 实验预习

进入实验室之前必须仔细阅读实验内容、基础知识以及技术部分的相关资料，明确本次实验中采用的实验方法、仪器、实验条件和需要测定的物理量等，在此基础上写出预习报告，包括实验目的、实验原理、实验仪器和试剂、简要实验步骤、实验注意事项及实验数据记录表等。

（2）实验操作与实验原始记录

进入实验室后，应仔细思考，首先要核对仪器与试剂，观察是否完好，发现问题及时提出，然后进一步熟悉仪器，并接受提问、检查，在指导下做好实验准备工作，经指导教师同意后方可进行实验。仪器的使用要严格按照操作规程进行，不可盲动。对于实验操作步骤，通过预习和现场讲解，应做到心中有数，严禁现学现用式的操作（看一下书，动一动手）。实验过程中要仔细观察实验现象，做好实验原始记录，发现异常现象应仔细查明原因，可请教指导教师帮助分析处理。实验原始记录必须经教师检查，不合格或有疑问的现象或数据应重做，直至获得满意结果。培养良好的实验原始记录习惯，实事求是记录所有实验相关内容，即简要记录实验操作步骤，详细准确记录所有的现象和数据。若是记录实验数据，应尽量采用表格形式，做到整洁、清楚。所有实验记录不得随意涂改，如有记录错误需要修改，需经指导教师签字。实验完毕后，应清洗、核对仪器，实验原始记录经指导教师签字后，方可离开实验室。

（3）实验报告

实验完成后，应在规定时间内独立完成实验报告，及时送达指导教师批阅。实验报告的内容包括详细的实验步骤、实验结果与讨论、思考题和实验感想等。实验报告中的实验步骤不同于预习报告中的简要实验步骤，应是实验实际操作的详细实验步骤；实验结果应有详细的处理步骤，而不是只列出实验结果；结果讨论应包括对实验现象的分析解释，查阅文献的情况，对实验结果误差的定性分析或定量计算；实验思考题包括实验教材上的思考题和教师提出的思考题；实验感想包括实验的心得体会以及对实验的改进意见等。其中，实验结果与讨论是实验报告中最为重要的一项，可以锻炼学生分析问题和解决问题的能力，必须详细写出实验结果，详细分析实验现象和实验数据。

第二节　化学实验室安全知识

在化学实验室里，安全非常重要，因为化学实验室中常常潜藏着诸如爆炸、着火、中毒、灼伤、割伤、触电等危险。如何防止这些事故的发生，以及万一发生事故如何急救，都是每一个化学实验工作者必须具备的素质。本节主要结合化学实验的特点，简要介绍安全用电常识和化学药品使用的安全防护等知识。

一、安全用电常识

化学实验使用电器较多，特别要注意安全用电。违章用电可能造成仪器设备损坏，引发火灾，甚至人身伤亡等。为了保障人身安全，一定要遵守以下安全用电规则。

（1）防止触电

首先注意不用潮湿的手接触电器。实验开始时，应先连接好电路再接通电源；修理或安装电器时，应先切断电源；实验结束时，先切断电源再拆线路。切勿使用试电笔去试高压电，使用高压电源应有专门的防护措施。如果有人触电，首先应迅速切断电源，然后进行抢救。

（2）防止发生火灾及短路

电线的安全通电量应大于用电功率，使用的保险丝要与实验室允许的用电量相符。实验室内若有氢气、煤气等易燃易爆气体，应避免产生电火花。继电器工作时，电器接触点接触不良及开关电闸时均易产生电火花，要特别小心。如遇电线起火，立即切断电源，用沙或二氧化碳、四氯化碳灭火器灭火，禁止用水或泡沫灭火器等导电液体灭火。电线、电器不能被水浸湿或浸在导电液体中，线路中各接点应牢固，电路元件两端接头不要互相接触，以防短路。

（3）电器仪表的安全使用

使用前首先要了解电器仪表要求使用的电源是交流电还是直流电，是三相电还是单相电，以及电压的大小（如 380 V、220 V）。须弄清电器功率是否符合要求，直流电器仪表的正、负极是否正确。仪表量程应大于待测量，待测量大小不明时，应从最大量程开始测量。实验前要检查线路连接是否正确，经指导老师检查同意后方可接通电源。在使用过程中如发现异常，如不正常声响、局部温度升高或嗅到焦味，应立即切断电源，并报告指导老师进行检查。

二、使用化学药品的安全防护

（1）防毒

实验前，了解所用药品的毒性及防护措施。操作有毒性化学药品应在通风橱内进行，避免与皮肤接触，剧毒药品应妥善保管并小心使用。不要在实验室内喝水、吃东西，离开实验室要洗净双手。

（2）防爆

可燃气体与空气的混合物比例处于爆炸极限时，受到热源（如电火花）诱发将会引起爆炸，因此使用时要尽量防止可燃性气体逸出，保持室内通风良好。操作大量可燃性气体时，严禁使用明火和可能产生电火花的电器，并防止其他物品撞击产生火花。

另外，有些药品如乙炔银、过氧化物等受震或受热易引起爆炸，使用时要特别小心。严禁将强氧化剂和强还原剂放在一起；久藏的乙醚使用前应除去其中可能产生的过氧化物；进行易发生爆炸的实验，应有防爆措施。

（3）防火

许多有机溶剂如乙醚、丙酮等非常容易燃烧，使用时室内不能有明火、电火花等。使用后要及时回收处理，不可倒入下水道，以免聚积引起火灾。实验室内不可存放过多这类易燃药品。

另外，有些物质如磷、金属钠及比表面积很大的金属粉末（如铁、铝等）易氧化自燃，在保存和使用时要特别小心。

实验室一旦着火不要惊慌，应根据情况选用不同的灭火剂进行灭火。以下几种情况不能用水灭火：

① 有金属钠、钾、镁、铝粉、电石、过氧化钠等时，应用干沙等灭火；

② 密度比水小的易燃液体着火，应采用泡沫灭火器；

③ 有灼烧的金属或熔融物的地方着火时，应用干沙或干粉灭火器；

④ 电器设备或带电系统着火，用二氧化碳或四氯化碳灭火器。

（4）防灼伤

强酸、强碱、强氧化剂、溴、磷、钠、钾、苯酚、冰醋酸等都会腐蚀皮肤，特别要防止溅入眼内。液氧、液氮等低温物质也会严重灼伤皮肤，使用时要小心，万一灼伤，应及时治疗。

三、汞的安全使用

汞中毒分急性和慢性两种。急性中毒多为高汞盐（如 $HgCl_2$）入口所致，0.1～0.3 g即可致死。吸入汞蒸气会引起慢性中毒，症状为食欲不振、恶心、便秘、贫血、骨骼和关节疼痛、精神衰弱等。汞蒸气的最大安全浓度为 $0.1\ mg \cdot m^{-3}$，而 20℃时汞的饱和蒸气压约为 0.16 Pa，超过安全浓度 130 倍，所以使用汞必须严格遵守下列操作规定：

① 储汞的容器要用厚壁玻璃器皿或瓷器，在汞面上加盖一层水，避免直接暴露于空气中，同时应放置在远离热源的地方。一切转移汞的操作，应在装有水的浅瓷盘内进行。

② 装汞的仪器下面一律放置浅瓷盘，防止汞滴落到桌面或地面上。若万一有汞掉落，要先用吸汞管尽可能将汞珠收集起来，然后把硫黄粉撒在汞溅落的地方，并摩擦使之生成 HgS，也可用 $KMnO_4$ 溶液使其氧化。擦过汞的滤纸等必须放在有水的瓷缸内。

③ 使用汞的实验室应有良好的通风设备。若手上有伤口，勿直接接触汞。

第三节　化学实验中的误差及数据表达

由于实验方法的可靠程度受所用仪器的精密度和实验者感官的限度等各方面条件的限制，一切测量均带有误差——测量值与真实值之差。因此，必须对误差产生的原因及其规律进行研究分析，方可在合理的人力物力支出条件下，获得可靠的实验结果，再通过实验结果的列表、作图、建立数学关系式等处理步骤，使实验结果成为有参考价值的资料。误差的分析在科学研究中必不可少。

一、误差的分类

误差按其性质可分为如下三种：

（1）系统误差

系统误差是指在相同条件下，多次测量同一物理量时，误差的绝对值和符号保持恒定，或在条件改变时按某一确定规律变化的误差。引起系统误差的原因主要有以下几个方面：

① 实验方法的缺陷，如使用近似公式；

② 仪器与药品不良，如电表零点偏差、温度计刻度不准、药品纯度不高等；

③ 操作者的不良习惯，如观察视线偏高或偏低。

通过改变实验条件可以发现系统误差的存在，针对产生的原因可采取相应措施，使其尽量减小，但不能消除。

(2) 过失误差

这是一种明显歪曲实验结果的误差。无规律可循，一般是由操作者读错、记错所致，只要加强责任心，此类误差可以避免。若发现有此种误差产生，所得结果应予以剔除。

(3) 偶然误差

在相同条件下多次测量同一量时，误差的绝对值时大时小，符号时正时负，但随测量次数的增加，其平均值趋近于零，即具有抵偿性，此类误差称为偶然误差。偶然误差的产生原因并不确定，一般是由环境条件的改变（如大气压、温度的波动）、操作者感观分辨能力的限制等所致。

二、测量的准确度与精密度

准确度是指测量结果的准确性，即测量结果偏离真实值的程度。而真实值是指用已消除系统误差的实验手段和方法进行足够多次的测量所得的算术平均值或者文献手册中的公认值。

精密度是指测量结果的可重复性及测量值有效数字的位数。因此测量的准确度和精密度是有区别的，高精密度不一定能保证有高准确度，但高准确度必须有高精密度来保证。

三、误差的表达方法

误差一般用以下三种方法表示：

(1) 平均误差

$$\delta=\frac{\sum|d_i|}{n}$$

式中，d_i 为测量值 x_i 与算术平均值 $\overline{x}$ 之差；n 为测量次数，且 $\overline{x}=\frac{\sum x_i}{n}$，$i=1$，2，…，$n$。

(2) 标准误差

$$\sigma=\sqrt{\frac{\sum d_i^2}{n-1}}$$

(3) 偶然误差

$$P=0.675\sigma$$

平均误差的优点是计算简便，但用这种误差表示时，可能会掩盖质量不高的测量值。标准误差对一组测量中的较大误差或较小误差比较灵敏，因此它是表示精度的较好方法，在近代科学中多采用标准误差。

为了表达测量的精度，误差又有绝对误差和相对误差两种表达方法。绝对误差表示测量值与真实值的接近程度，即测量的准确度，其表示方法为 $\overline{x}\pm\delta$ 或 $\overline{x}\pm\sigma$。相对误差表示测量值的精密度，即各次测量值相互接近的程度。

四、有效数字

当对一个测量的量进行记录时，所记数字的位数应与仪器的精密度相符合，即所记数字的最后一位为仪器最小刻度以内的估计值，称为可疑值，其他几位为准确值，这样的一个数字称为有效数字，它的位数不可随意增减。在间接测量中，须通过一定公式将直接测量值进行运算，运算中对有效数字位数的取舍应遵循如下规则：

① 误差一般只取一位有效数字，最多两位；

② 有效数字的位数越多，数值的精确度也越大，相对误差越小；

③ 若第一位的数值等于或大于 8，则有效数字的总位数可多算一位，如 9.23 虽然只有三位，但在运算时，可以看作四位；

④ 运算中舍弃过多不定数字时，应用“4 舍 6 入，逢 5 尾留双”的法则；

⑤ 在加减运算中，各数值小数点后所取的位数，以其中小数点后位数最少者为准；

⑥ 在乘除运算中，各数保留的有效数字，应以其中有效数字最少者为准；

⑦ 在乘方或开方运算中，结果可多保留一位；

⑧ 对数运算时，对数中的首数不是有效数字，对数的尾数的位数，应与各数值的有效数字位数相当；

⑨ 算式中，常数 π、e 及乘子 $\sqrt{2}$ 和某些取自手册的常数不受上述规则限制，其位数按实际需要取舍。

五、数据处理

实验数据的处理方法主要有如下三种：列表法、作图法、数学方程式法。

（1）列表法

将实验数据列成表格，排列整齐，使人一目了然。这是数据处理中最简单的方法，应注意以下几点：

① 表格要有表头名称。

② 每行（或列）的开头一栏都要列出物理量的名称和单位，并把二者表示为相除的形式。因为物理量的符号本身是带有单位的，除以它的单位，即等于表中的纯数字。

③ 数字要排列整齐，小数点要对齐，公共的乘方因子应写在开头一栏与物理量符号相乘的形式。

④ 表格中表达数据的顺序为由左到右、由自变量到因变量，可以将原始数据和处理结果列在同一表中，但应以一组数据为例，在表格下面列出算式，写出计算过程。

（2）作图法

作图法可更形象地表达出数据的特点，如极大值、极小值、拐点等，并可进一步用图解求积分、微分、外推、内插值。作图应注意如下几点：

① 图名：图要有图名，例如“$\ln K$-$1/T$ 图”等。

② 坐标轴：自变量为横轴，函数为纵轴。

③ 坐标比例：适当选择坐标比例，以能表达出全部有效数字为准。

④ 坐标轴名称、单位和刻度：在坐标轴旁注明该轴变量的名称和单位，在纵轴的左面和横轴的下面注明刻度。

⑤ 代表点：将测得的各点绘于图上，在点的周围画上○、×、□、△等符号，其面积之大小应代表测量的精确度，若测量的精确度大，则符号应小些，反之则大些。在一张图纸上作有数组不同的测量值时，各组测量值的代表点应用不同的符号表示，以示区别，并需在图上注明。

⑥ 曲线：曲线尽可能接近实验点，但不必全部通过各点，只要各点均匀地分布在曲线两侧邻近即可。一般原则包括曲线两旁的点数量近似相等、曲线与点间的距离尽可能小、曲线两侧各点与曲线距离之和接近相等、曲线应光滑均匀等。

⑦ 曲线上作切线：一般采用镜像法，若在曲线的指定点作切线，可取一平而薄的镜子，使其垂直于图面上，并通过曲线上待作切线的点 P，然后让镜子绕 P 点转动，注意观察镜中曲线影像，当镜子转到某一位置，使得曲线与其影像刚好平滑地连成一条曲线时，过 P 点沿镜子作一直线即为 P 点的法线，过 P 点再作法线的垂线即为曲线上 P 点的切线。

（3）数学方程式法

利用数学方程式表示实验结果简单明了、记录方便，并且还可以进行积分、微分等后续数据处理，得到的数据较准确，可借助计算机软件绘图拟合得到相应的数学方程式。

上述三种方法都可以借助计算机相应的软件完成，要求学会利用 Origin 软件处理实验数据，利用 Origin 软件列表、绘图、拟合数学方程式等。

第四节　化学实验基本操作

一、玻璃量器

（1）量筒和量杯

量筒和量杯是容量精度不太高的最普通的玻璃量器。量筒分为量出式和量入式两种，如图 1-1(a)、(b) 所示；量杯的外形见图 1-1(c)。其中，量出式量筒在基础化学实验中普遍使用，而带有磨口塞子的量入式量筒通常使用不多。

（2）移液管和吸量管

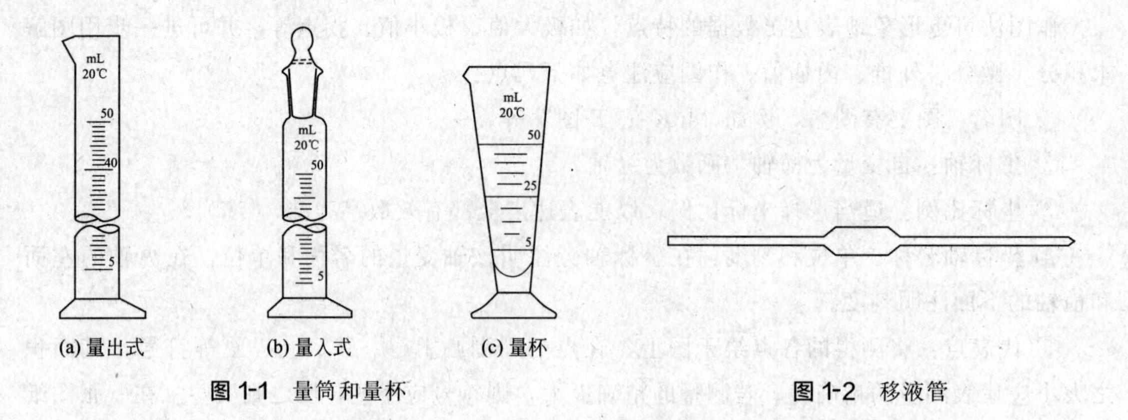

(a) 量出式　(b) 量入式　(c) 量杯

图 1-1　量筒和量杯

图 1-2　移液管

移液管是用于准确量取一定体积溶液的量出式玻璃量器，又称单标线吸量管（如图 1-2 所示）。管颈上部刻有一标线，此标线的位置是由放出纯水的体积所决定的。其容量定义为：在 20℃时排空后所流出纯水的体积，单位为 cm^3 或 mL。使用时注意事项如下：

① 使用前用铬酸洗液将其洗干净，使其内壁及下端的外壁不挂水珠。移取溶液前，需用待取溶液刷洗 3 次。

② 移取溶液的正确操作姿势如图 1-3 所示。移液管插入烧杯内液面以下 1～2 cm 深度，左手拿洗耳球，排空空气后紧按在移液管管口上，然后借助吸力使液面慢慢上升，管中液面上升至标线以上时，迅速用右手食指按住管口，左手持烧杯并使其倾斜 30°，将移液管流液口靠到烧杯的内壁，稍松食指并用拇指及中指捻转管身，使液面缓缓下降，直到调定零点，使溶液不再流出。将移液管插入准备接收溶液的容器中，仍使其流液口接触倾斜的器壁，松开食指，使溶液自由地沿壁流下，再等待 15 s，拿出移液管。

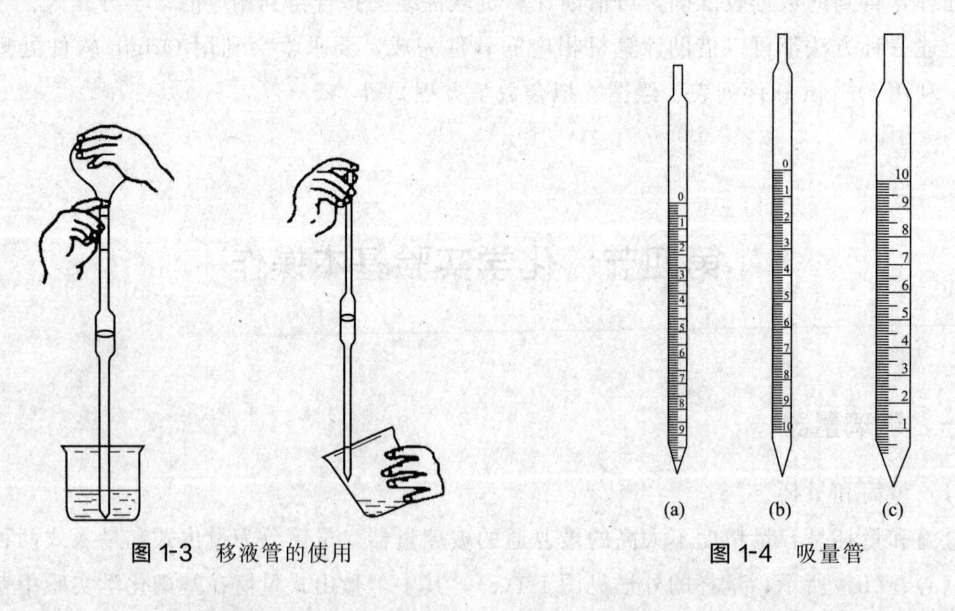

(a)　(b)　(c)

图 1-3　移液管的使用

图 1-4　吸量管

吸量管又称刻度移液管，是带有刻度线的量出式玻璃量器（如图 1-4 所示），用于移取非固定量的溶液。主要有以下几种规格：

① 完全流出式　分为零点刻度在上［如图 1-4(a) 所示］和零点刻度在下［如图 1-4(c) 所示］两种形式。零点刻度在下式的任一刻度线相应的容量定义为：在 20℃时，水自由流下，直到确定弯月面已降到刻度线且流液口静止后再脱离容器，从刻度线排放到流液口时所流出 20℃水的体积（mL）。零点刻度在上式的任一刻度线相应的容量定义为：从零线排放到该刻度线或流液口所流出 20℃水的体积（mL）。

② 不完全流出式　零点刻度在上面［如图 1-4(b) 所示］，最低刻度线为标称容量。这类吸量管的任一刻度线相应的容量定义为：20℃时，从零线排放到该刻度线所流出的 20℃水的体积（mL）。

③ 规定等待时间式　零点刻度在上面［如图 1-4(a) 所示］，使用过程中液面降至流液口处后，要等待 15 s，再从收液容器中移走吸量管。

目前，吸量管还有单道移液器和多道移液器，其中有固定式和可调式，由于是数字显示，操作更简便快捷。

（3）滴定管

滴定管分具塞和无塞两种（即习惯称的酸式滴定管和碱式滴定管），是一种可放出不同定量滴定液体的玻璃量器。实验室常用的有 10.00 mL、25.00 mL、50.00 mL 等容量规格的滴定管。

具塞普通滴定管不能长时间盛放碱性溶液（避免腐蚀磨口和活塞），所以惯称为酸式滴定管，可以盛放非碱性的各种溶液。

无塞普通滴定管由于它可盛放碱性溶液，故通常称为碱式滴定管。管身与下端的细管之间用乳胶管连接，胶管内放一粒玻璃珠，用手指捏挤玻璃珠周围的乳胶管时会形成一条狭缝，溶液即可流出，并可控制流速。玻璃珠的大小要适当，过小会漏液或使用时易上下滑动；过大则在放液时手指吃力，操作不方便。碱式滴定管不宜盛放对乳胶管有腐蚀作用的溶液，如 $KMnO_4$、I_2、$AgNO_3$ 等溶液。

现在实验室一般采用聚四氟乙烯塞滴定管，可盛放酸性或碱性的各种溶液。滴定管的使用方法如下：

① 洗涤　选择合适的洗涤剂和洗涤方法。通常滴定管可用自来水或管刷蘸肥皂水或洗涤剂洗刷（避免使用去污粉），而后用自来水冲洗干净，用蒸馏水润洗，有油污的滴定管要用铬酸洗液洗涤。

② 涂凡士林　酸式滴定管洗净后，玻璃活塞处要涂凡士林（起密封和润滑作用）。涂凡士林的方法（如图 1-5 所示）：将管内的水倒掉，平放在台上，抽出活塞，用滤纸将活塞和活塞套内的水吸干，再换滤纸反复擦拭干净。将活塞上均匀地涂上薄薄一层凡士林（涂量不能过多），将活塞插入活塞套内，旋转活塞几次直至活塞与活塞套接触部位呈透明状态，否则，应重新处理。为避免活塞被碰松动脱落，涂凡士林后的滴定管应在活塞末端套上小橡皮圈。

③ 检漏　检查密合性，管内充水至最高标线，垂直挂在滴定台上，10 min 后观察活塞边缘及管口是否渗水；转动活塞，再观察一次，直至不漏水为准。

④ 装入操作溶液　滴定前用操作溶液（滴定液）洗涤三次后，将操作溶液（滴定液）

装入滴定管，排出管内空气（如图 1-6 所示），并调定零点。

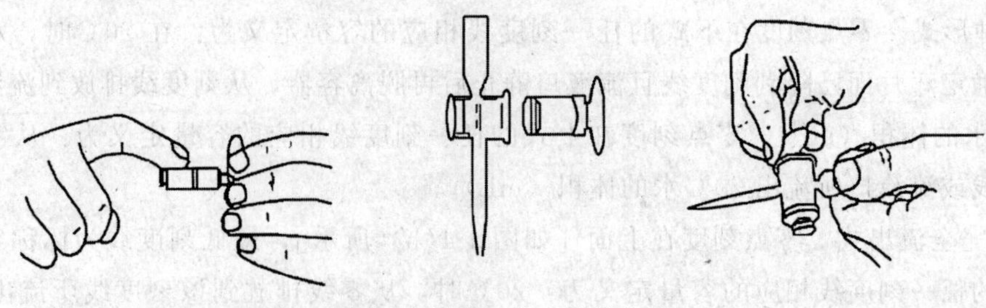
图 1-5　活塞涂凡士林的方法

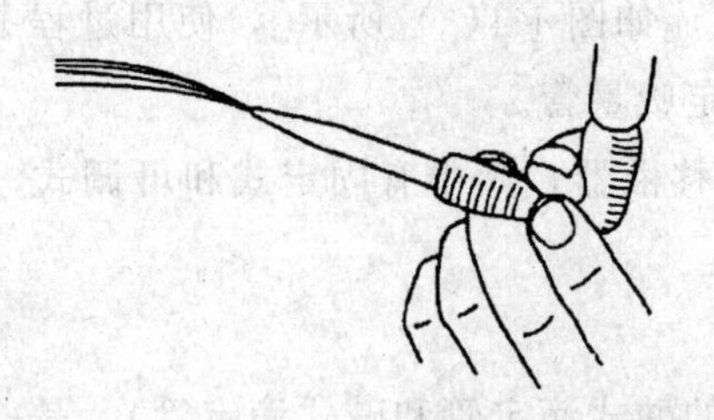
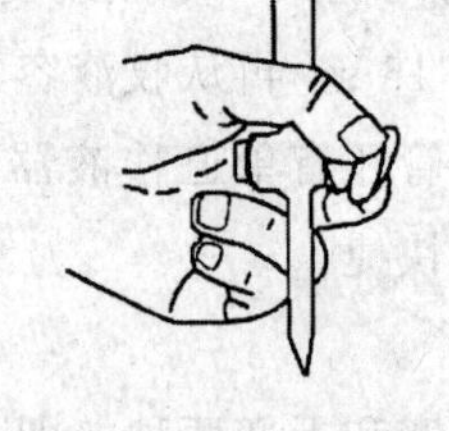
图 1-6　滴定管排气法

在滴定操作时，应注意以下事项：

① 滴定管要垂直，操作者要坐正或站正，视线与零线或弯月面（滴定读数时）在同一水平。

② 为使弯月面下边缘更清晰，调零和读数时可在液面后衬一纸板。

③ 深色溶液的弯月面不清晰时，应观察液面的上边缘；在光线较暗处读数时可用白纸板作后衬。

④ 使用碱式滴定管时，把握好捏胶管的位置。位置偏上，调定零点后手指一松开，液面就会降至零线以下；位置偏下，手一松开，尖嘴（流液口）内就会吸入空气，这两种情况都直接影响滴定结果。滴定读数时，若发现尖嘴内有气泡必须小心排除。

⑤ 握塞方式及操作如图 1-7 所示。通常滴定在锥形瓶中进行，右手持瓶，使瓶内溶液不断旋转。溴酸钾法、碘量法等需在碘量瓶中进行反应和滴定。碘量瓶是带有磨口塞和水槽的锥形瓶（如图 1-8 所示），喇叭形瓶口与瓶塞柄之间形成一圈水槽，槽中加入纯水便形成水封，可防止瓶中溶液反应生成的气体损失。反应一定时间后，打开瓶塞，水即流下并可冲洗瓶塞和瓶壁，接着进行滴定。无论哪种滴定管，都要掌握好加液速度（连续滴加、逐滴滴加、半滴滴加）。

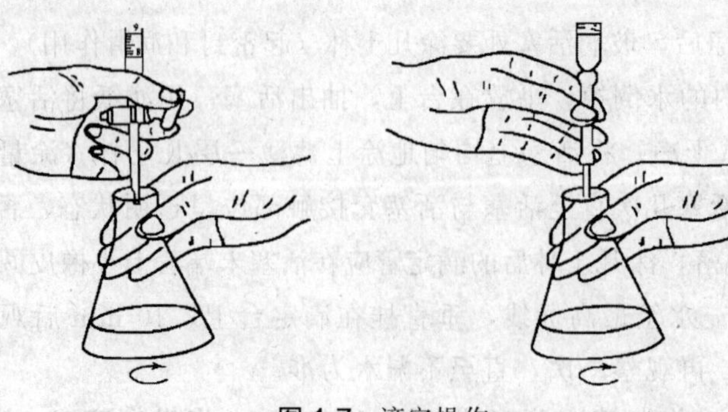
图 1-7　滴定操作

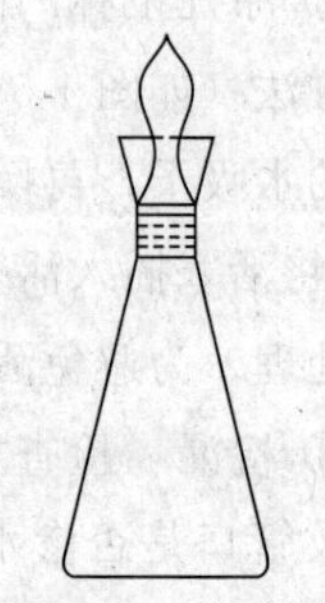
图 1-8　碘量瓶

⑥ 实验完毕后，滴定溶液不宜长时间放在滴定管中，应将管中的溶液倒掉，用水洗净后再装满纯水悬挂在滴定台上，然后盖上小塑料盖。

（4）容量瓶

容量瓶的主要用途是配制准确浓度的溶液或定量稀释溶液，其形状是细颈梨形平底玻璃瓶，由无色或棕色玻璃制成，带有磨口玻璃塞或塑料塞，颈上有一标线。容量瓶均为量入式，其容量定义为：在20℃时，充满至标线所容纳水的体积，以cm^3计。

容量瓶使用时注意以下几点：

① 检查瓶口是否漏水。

② 将固体物质（基准试剂或被测样品）配成溶液时，先在烧杯中将固体物质全部溶解后，再转移至容量瓶中。转移时要使溶液沿玻璃棒缓缓流入瓶中，如图1-9所示。烧杯中的溶液倒尽后，烧杯不要马上离开玻璃棒，而应在烧杯扶正的同时使杯嘴沿着玻璃棒上提1～2 cm，随后烧杯离开玻璃棒（这样可避免烧杯与玻璃棒之间的一滴溶液流到烧杯外面），然后用少量水（或其他溶剂）涮洗3～4次，每次都用洗瓶或滴管冲洗杯壁及玻璃棒，按同样的方法转入瓶中。当溶液达2/3容量时，可将容量瓶沿水平方向摆动几周以使溶液初步混合。再加水至标线以下约1 cm处，等待1 min左右，最后用洗瓶（或滴管）沿壁缓缓加水至标线。盖紧瓶塞，左手捏住瓶颈上端，食指压住瓶塞，右手三指托住瓶底，将容量瓶颠倒15次以上，并在倒置状态时水平摇动几周。

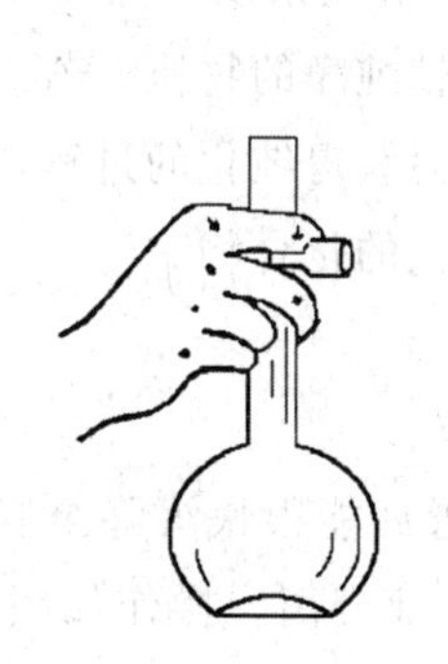
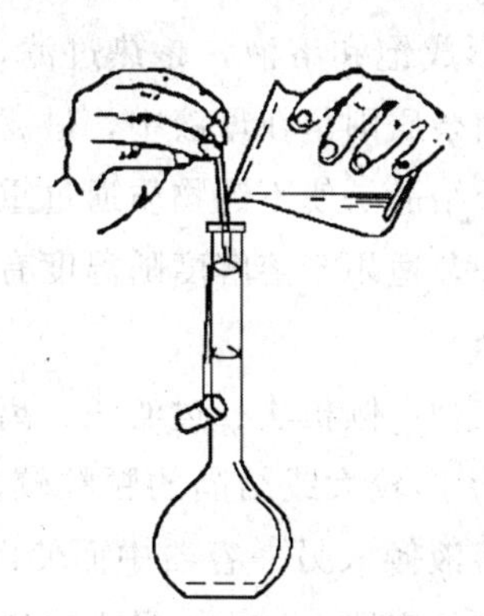
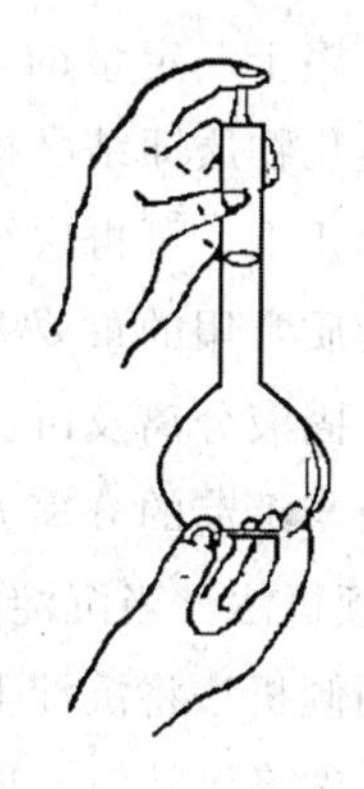

图1-9 容量瓶的拿法及溶液的转移

③ 对容量瓶材料有腐蚀作用的溶液，尤其是碱性溶液，不可在容量瓶中长期储存，配好以后应转移到其他容器中存放。

二、溶解、结晶、固液分离

（1）固体的溶解

固体物质溶解于溶剂时，如固体颗粒太大，可先在研钵中研细。对一些溶解度随温度升高而增加的物质来说，加热对溶解过程有利。加热时要盖上表面皿，要防止溶液剧烈沸腾和迸溅。加热后要用蒸馏水冲洗表面皿和烧杯内壁，冲洗时也应使水流顺烧杯壁流下。

搅拌可加速溶质的扩散，从而加快溶解速度。搅拌时注意手持玻璃棒，轻轻转动，使玻璃棒不要触及容器底部及器壁。

在试管中溶解固体时，可用振荡试管的方法加速溶解，振荡时不能上下，也不能用手指堵住管口来回振荡。

(2) 结晶

① 蒸发（浓缩） 当溶液很稀而所制备的物质的溶解度又较大时，为了能从中析出该物质的晶体，必须通过加热使水分蒸发，当溶液浓缩到一定程度时再冷却，方可析出晶体。蒸发需在蒸发皿中进行。若物质的溶解度较大，必须蒸发到溶液表面出现晶膜时才可停止；若物质的溶解度较小或高温时溶解度较大而室温时溶解度较小，则不必蒸发到液面出现晶膜就可冷却。

蒸发浓缩时视溶质的性质选用直接加热或水浴加热的方法进行。若是对热稳定的无机物，可用煤气灯直接加热（应先预热），否则用水浴间接加热。

② 结晶与重结晶 析出晶体的颗粒大小与结晶条件有关。如果溶液的浓度较高，溶质在水中的溶解度是随温度下降而显著减小的，冷却得越快，析出的晶体就越细小，否则就得到较大颗粒的结晶。搅拌溶液和静置溶液，可以得到不同的效果，前者有利于细小晶体的生成，后者有利于大晶体的生成。若溶液容易发生过饱和现象，可以用搅拌、摩擦器壁或投入几粒小晶体（晶种）等办法，使其形成结晶中心而结晶析出。

如果第一次结晶所得物质的纯度不合要求，可进行重结晶。其方法是在加热情况下使纯化的物质溶于一定量的水中，形成饱和溶液，趁热过滤，除去不溶性杂质，然后使滤液冷却，被纯化物质即结晶析出，而杂质则留在母液中，过滤便得到较纯净的物质。若一次重结晶达不到要求，可再次结晶。重结晶是使不纯物质通过重新结晶而获得纯化的过程，它是提纯固体物质常用的重要方法之一，适用于溶解度随温度有显著变化的化合物。

(3) 固液分离及沉淀的洗涤

溶液与沉淀的分离方法有三种：倾析法、过滤法、离心分离法。

① 倾析法 当沉淀的相对密度较大或结晶的颗粒较大，静置后能很快沉降至容器底部时，可用倾析法将沉淀上部的溶液倾入另一容器中而使沉淀与溶液分离。操作如图 1-10 所示。如需洗涤沉淀时，向盛沉淀的容器内加入少量水或洗涤液，将沉淀搅动均匀，待沉淀沉降到容器的底部后，再用倾析法分离。反复操作两三次，即能将沉淀洗净。要把沉淀转移到滤纸上，可先用洗涤液将沉淀搅起，将悬浮液倾倒于滤纸上，这样大部分沉淀就可从烧杯中移走，然后用洗瓶中的水冲下杯壁和玻璃棒上的沉淀，再行转移，此操作如图 1-11 所示。

② 过滤法 过滤法是固液分离较常用的方法之一。溶液和沉淀的混合物通过过滤器（如滤纸）时，沉淀留在过滤器上，溶液则通过过滤器，过滤后所得的溶液叫作滤液。

溶液的黏度、温度、过滤时的压力及沉淀物的性质、状态、过滤器孔径大小都会影响过滤速度。溶液的黏度越大，过滤越慢。热溶液比冷溶液容易过滤，减压过滤比常压过滤快。如果沉淀呈胶体状态时，不易穿过一般过滤器（滤纸），应先设法将胶体破坏（如采用加热法）。

常用的过滤方法有常压过滤、减压过滤和热过滤三种。

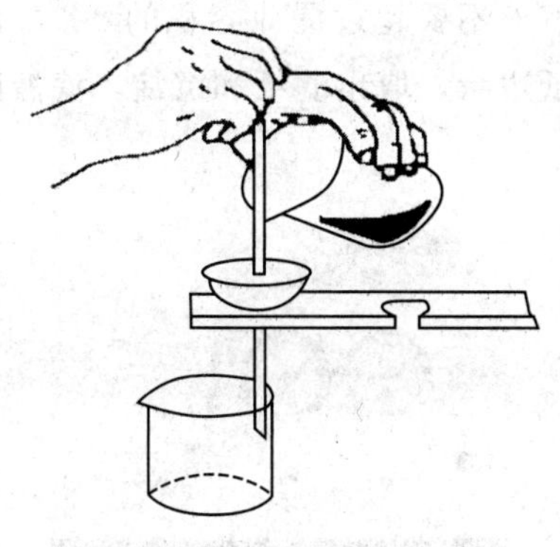

图 1-10　倾析法过滤沉淀

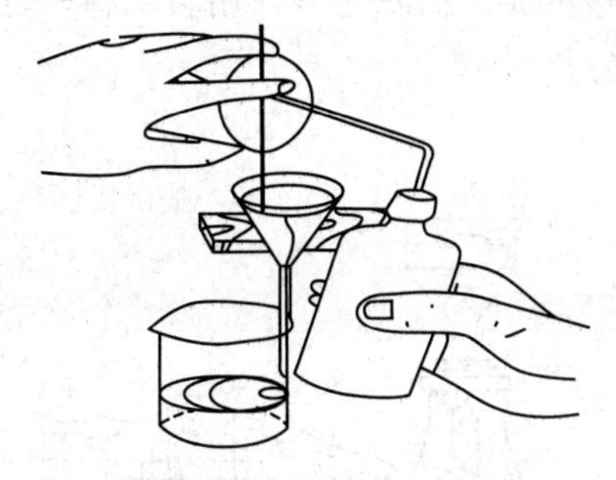

图 1-11　冲洗过滤转移的方法

a. 常压过滤　使用玻璃漏斗和滤纸进行过滤。滤纸按用途分定性、定量两种；按滤纸的空隙大小，又分快速、中速、慢速三种。过滤时，把一圆形或方形滤纸对折两次成扇形（方形滤纸需剪成扇形），展开使呈锥形，恰能与 60°角的漏斗相密合。如果漏斗的角度大于或小于 60°，应适当改变滤纸折成的角度，使之与漏斗相密合。滤纸边缘应略低于漏斗边缘（见图 1-12）。然后在三层滤纸的那边将外两层撕去一小角，用食指把滤纸按在漏斗内壁上，用少量蒸馏水润湿滤纸，再用玻璃棒轻压滤纸四周，赶走滤纸与漏斗壁间的气泡，使滤纸紧贴在漏斗壁上。过滤时，漏斗要放在漏斗架上，并使漏斗管的末端紧靠接收器内壁。先倾倒溶液，后转移沉淀，转移时应使用玻璃棒，应使玻璃棒接触三层滤纸处，漏斗中的液面应低于滤纸边缘。如果沉淀需要洗涤（见图 1-13），应待溶液转移完毕，再将少量洗涤液倒入沉淀上，然后用玻璃棒充分搅动，静止放置一段时间，待沉淀下沉后，将上清液倒入漏斗。洗涤两三遍，最后把沉淀转移到滤纸上。

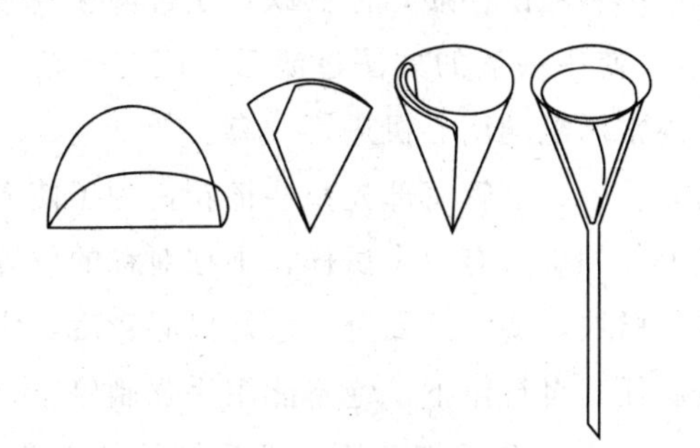

图 1-12　滤纸的折叠方法

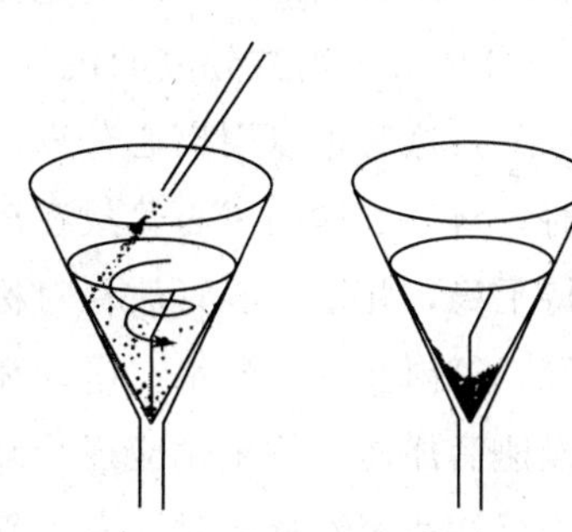

图 1-13　沉淀的洗涤

b. 减压过滤　简称抽滤，装置是如图 1-14、图 1-15 所示的联合组装。减压过滤可缩短过滤时间，并可把沉淀抽得比较干燥，但它不适用于胶状沉淀和颗粒太细的沉淀的过滤。利用水泵中急速的水流不断将空气带走，从而使吸滤瓶内的压力减小，在布氏漏斗内的液面与吸滤瓶之间造成一个压力差，提高了过滤的速度。在连接水泵的橡皮管和吸滤瓶之间安装一个安全瓶，用以防止因关闭水阀或水泵后流速的改变引起自来水倒吸入吸滤瓶而污染滤液。在停止过滤时，应先放空气进去再关闭电源，以防止自来水倒吸入瓶内。抽滤所用滤纸应比布氏漏斗的内径略小，但又能把瓷孔全部盖没。将滤纸放入并润湿后，先稍微抽气使滤纸紧贴，然后用玻璃棒往漏斗内转移溶液。注意加入的溶液不要超过漏斗容积的 2/3，待溶液抽完后再转移沉淀。抽滤完毕，用玻璃棒轻轻揭起滤纸边缘，取出滤纸和沉淀，滤液则由吸滤瓶的上口倾出。

图 1-14 减压过滤装置

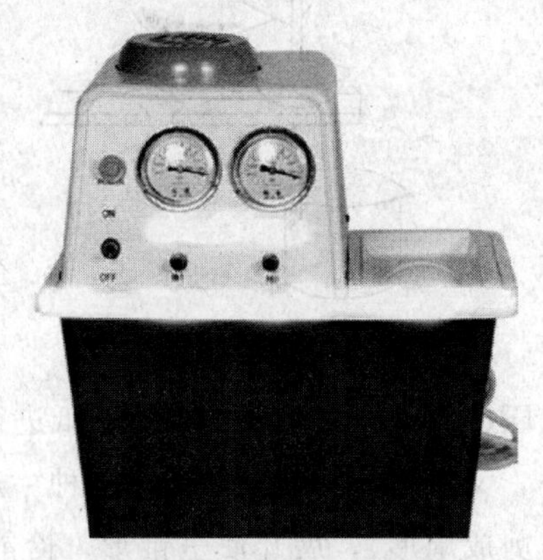
图 1-15 循环水泵

有些浓的强酸、强碱和强氧化性溶液，过滤时不能用滤纸，可用石棉纤维来代替，也可用玻璃砂漏斗，这种漏斗是玻璃质的，可以根据沉淀颗粒的不同选用不同规格。但玻璃砂漏斗不适用于强碱性溶液的过滤，因为强碱会腐蚀玻璃。

c. 热过滤　当溶质的溶解度对温度极为敏感易结晶析出时，可使用热滤漏斗过滤（热过滤）。把玻璃漏斗放在金属制成的外套中，底部用橡皮塞连接并密封，夹套内充水至约 2/3 处，灯焰放在夹套支管处加热。这种热滤漏斗的优点是能够使待滤液一直保持或接近其沸点，尤其适用于滤去热溶液中的脱色活性炭等细小颗粒的杂质，但其缺点是过滤速度慢。

③ 离心分离法　当被分离的沉淀量很少时，使用一般的方法过滤后，沉淀会粘在滤纸上，难以取下，这时可以用离心分离。实验室内常用电动离心机进行分离。

使用时，将装试样的离心管放在离心机的套管中，套管底部先垫些棉花，为了使离心机旋转时保持平稳，几个离心管放在对称的位置上，如果只有一个试样，则在对称的位置上放一支离心管，管内装等量的水。电动离心机转速极快，要注意安全。放好离心管后，应盖好盖子。先慢速后加速，停止时应逐步减速，最后任其自行停下，绝不能用手强制停止。离心沉降后，将沉淀和溶液分离时，左手斜持离心管，右手拿毛细滴管，把毛细管伸入离心管，末端恰好进入液面，取出清液。在毛细管末端接近沉淀时，要特别小心，以免沉淀也被取出。沉淀和溶液分离后，沉淀表面仍含有少量溶液，必须经过洗涤才能得到纯净的沉淀。为此，向盛有沉淀的离心管中加入适量的蒸馏水或洗涤用的溶液，用玻璃棒充分搅拌后，进行离心分离。用毛细管将上层清液取出，再用上法操作 2～3 遍。

三、加热、灼烧、干燥用仪器

（1）加热用仪器

在实验室中加热常用酒精灯、酒精喷灯、煤气灯、电炉、电热板、电热套、红外灯等。

① 酒精灯　提供的温度不高。酒精易燃，使用时要特别注意安全。必须用火柴点燃，绝不能用另一燃着的酒精灯来点燃，否则会把酒精洒在外面而引起火灾或烧伤。当酒精灯不使用时将灯罩罩上，火焰即熄灭，不能用嘴吹，因为酒精灯温度通常可达 400～500℃，以免烫伤。

② 酒精喷灯　使用前，先在预热盆上注入酒精至满，然后点燃盆内的酒精，以加热铜质灯管。待盆内的酒精将近燃完时，开启开关，这时酒精在灼热燃管内汽化，并与来自气孔的空气混合，用火柴在管口点燃，温度可达 700～1000℃。调节开关螺丝，可以控制火焰的大小。用毕，向右旋紧开关，可使灯焰熄灭。使用时应该注意，在开启开关、点燃以前，灯管必须充分灼烧，否则酒精在灯管内不会全部汽化，会有液态酒精由管口喷出，形成“火雨”，甚至会引起火灾。不用时，必须关好储罐的开关，以免酒精泄漏，造成危险。

③ 煤气灯　实验室中如果备有煤气，在加热操作中，可用煤气灯。使用时按下述方法进行操作：

a. 煤气由导管输送到实验台上，用橡皮管将煤气龙头和煤气灯相连。

b. 煤气的点燃。旋紧金属灯管，关闭空气入口，点燃火柴，打开煤气开关，将煤气点燃，观察火焰的颜色。

c. 调节火焰。旋紧金属管，调节空气进入量，观察火焰颜色的变化，待火焰分为三层时，即得正常火焰。当煤气完全燃烧时，生成不发光亮的无色火焰，可以得到最高的温度。如果点燃煤气时，空气入口开得太大，进入的空气太多，就会产生“侵入火焰”。此时煤气在管内燃烧，发出“嘘嘘”的响声，火焰的颜色变绿色，灯管被烧得很热。发生这种现象时，应该关上煤气，待灯管冷却后，再关小空气入口，重新点燃。煤气量的大小，一般可用煤气开关调节，也可用煤气灯下的螺丝来调节。

d. 关闭煤气灯。往里旋转螺旋形针阀，关闭煤气灯开关，火焰即灭。

④ 电炉　根据发热量不同，有不同功率规格，如 800 W、1000 W 等。使用时注意以下几点：

a. 电源电压与电炉电压要相符；

b. 加热容器与电炉间要放一块石棉网，以使加热均匀；

c. 耐火炉盘的凹渠要保持清洁，及时清除烧灼焦煳的杂物，以保证炉丝传热良好，延长使用寿命。

⑤ 电热板、电热套　电炉做成封闭式称为电热板，由控制开关和外接调压变压器调节加热温度。电热板升温速度较慢，其受热是平面的，不适合加热圆底容器，多用作水浴和油浴的热源，也常用于加热烧杯、锥形瓶等平底容器。电热套（包）是专为加热圆底容器而设计的，使用时应根据圆底容器的大小选用合适的型号。电热套相当于一个均匀加热的空气浴。为有效地保温，可在包口和容器间用玻璃布围住。

⑥ 红外灯　红外灯用于低沸点易燃液体的加热。使用时，受热容器应正对灯面，中间留有空隙，再用玻璃布或铝箔将容器和灯泡宽松地包住，既保温又可防止灯光刺激眼睛，并能保护红外灯不被溅上冷水或其他液滴。

(2) 干燥用仪器

① 干燥箱（电烘箱） 用于烘干玻璃仪器和固体试剂。工作温度从室温起至最高温度。在此温度范围内可任意选择，借助自动控制系统使温度恒定。箱内装有鼓风机，促使箱内空气对流，温度均匀。工作室内一般设有多层网状搁板以放置被干燥物。使用时注意以下两点：

a. 洗净的仪器尽量把水流干后放入，并使口朝下，烘箱底部放有搪瓷盘承接从仪器上滴下的水，使水不能滴到电热丝上。升温时应定时检查烘箱的自动控温系统，如自动控温系统失效，会造成箱内温度过高，导致水银温度计炸裂。

b. 易燃、挥发物不能放进烘箱，以免发生爆炸。

② 电吹风 用于局部加热，快速干燥仪器。

(3) 灼烧用仪器

灼烧除用电炉外，还常用高温炉。高温炉利用电热丝或硅碳棒加热，用电热丝加热的高温炉最高使用温度为950℃；用硅碳棒加热的高温炉温度高达1300～1500℃。高温炉根据形状分为箱式和管式，其中箱式高温炉又称马弗炉。高温炉的炉温由高温计测量，它由一对热电偶和一只毫伏表组成。使用时注意事项如下：

a. 查看高温炉所接电源电压是否与电炉所需电压相符，热电偶是否与测量温度相符，热电偶正负极是否接对。

b. 调节温度控制器的定温调节旋钮使定温指针指示所需温度处，打开电源开关升温，当温度升至所需温度时即能恒温。

c. 灼烧完毕，先关电源，不要立即打开炉门，以免炉膛骤冷碎裂。一般当温度降至200℃以下时方可打开炉门，再用坩埚钳取出样品。

d. 高温炉应放置在水泥台上，不可放置在木质桌面上，以免引起火灾。

e. 炉膛内应保持清洁，炉周围不要放置易燃物品，也不可放精密仪器。

第二章

无机与分析化学实验

实验一　容量仪器的准备与相对校准

一、实验目的

1. 准备容量分析实验所用仪器。
2. 学习玻璃仪器清洗和检查方法。
3. 练习移液管和容量瓶的相对校准。

二、实验原理

容量瓶、移液管和吸量管是滴定分析法所用的主要量器。容量器皿的容积与其所标出的体积并非完全符合。因此，在准确度要求较高的分析工作中，必须对容量器皿进行校准。

由于玻璃具有热胀冷缩的特性，在不同的温度下容量器皿的体积也有所不同。因此，校准玻璃容量器皿时，必须规定一个共同的温度值，这一规定温度值为标准温度。国际上规定玻璃容量器皿的标准温度为20℃，即在校准时都将玻璃容量器皿的容积校准到20℃时的实际容积。

容量器皿常采用相对校准和绝对校准两种校准方法。

1. 相对校准

要求两种容器体积之间有一定的比例关系时，常采用相对校准的方法。例如，25 mL

移液管量取液体的体积应等于 250 mL 容量瓶量取体积的 10%。

2.绝对校准

绝对校准是测定容量器皿的实际容积。常用的校准方法为衡量法，又叫称量法。即用天平称得容量器皿容纳或放出纯水的质量，然后根据水的密度，计算出该容量器皿在标准温度 20℃时的实际体积。由质量换算成容积时，需考虑水的密度随温度的变化、玻璃器皿的容积随温度的变化和在空气中称量时质量随空气浮力的变化三方面的影响。

为了方便计算，将上述三种因素综合考虑，得到一个总校准值。实际应用时，只要称出被校准的容量器皿容纳和放出纯水的质量，再除以该温度时纯水的密度值，便是该容量器皿在 20℃时的实际容积。

三、实验仪器与试剂

1.仪器：滴定管（25mL），小瓶（白瓷盘），容量瓶（100mL），温度计，移液管（20mL），洗耳球。

2.试剂：无。

四、实验步骤

1.仪器领取和洗涤

（1）领取仪器

每个柜中备有一套容量分析所用的玻璃仪器，每人按组号找柜，并照仪器单上的仪器名称、规格、数量等逐个清点验收，如发现仪器缺少或破损应立即提出并换好补齐，以备实验使用。公用仪器摆在桌上，有滴定管、移液管及洗耳球等。

（2）洗涤仪器

实验前，须将所需玻璃仪器充分洗净，清洁的仪器内壁应能均匀地被水润湿，不挂水珠。

一般玻璃仪器洗涤方法如下：

① 将仪器内外用自来水冲湿（不留水），取一大小合适的毛刷，淋湿后蘸点去污粉将仪器内外各处均擦洗到。

② 刷过的仪器用自来水冲洗干净（如手上有去污粉也应冲洗干净），若仪器不挂水珠（否则要重洗）则用内装蒸馏水的洗瓶冲洗 3～4 次。用蒸馏水洗时，采用用水少的顺壁冲洗方法，多洗几次，达到清洗得好、快、省的目的。

③ 容量仪器如滴定管、容量瓶和吸管等，为了避免容器内壁受机械磨损而影响容积测量的准确度，一般不用刷子刷洗，而用洗涤剂淌洗或浸泡。常用的洗涤液有铬酸洗涤液、碱性高锰酸钾洗涤液等。如铬酸洗涤液，因其具有很强的氧化能力而对玻璃的腐蚀作用又极小，过去使用很广，现因考虑到六价铬对人体有害，在可能的情况下，不要多用。必用时，要注意安全，不要溅到身上和台面上。最好在容器内壁干燥的情况下将洗液倒入，用过的洗液倒入回收瓶中。浸泡过的器皿，第一次用少量自来水冲洗，且此少量水应倒在废液缸中，以免污染水和腐蚀下水道。

④ 洗净的仪器千万不能用手指接触内壁，更不能用抹布擦仪器内部（为什么?），擦净柜子，把仪器在柜内排整齐，便于拿取。

2.滴定管的准备和使用

（1）准备工作

检查聚四氟乙烯塞滴定管的活塞是否转动灵活并检查是否有漏水现象。具体操作方法如下：

① 检查活塞转动是否灵活：捏着活塞拧把，试着转动。若是太松，有可能会漏水，可把活塞螺帽拧紧点；若是太紧，则要把活塞螺帽拧松点，避免旋转困难。

② 检查漏水：试漏方法是先将活塞关闭，在滴定管内注入蒸馏水，管尖也充满水，停1～2 min，观察管尖及活塞两端是否有水渗出；将活塞转动180°，再停1～2 min观察，若均无水渗出，活塞转动灵活，即可使用。

（2）滴定管读数

滴定管读数不准而引起误差，常常是容量分析误差的主要来源之一，因此，在滴定前必须进行读数练习。

为了准确读数，必须遵守下列原则：

① 用2个手指头垂直地拿着滴定管上端（不可拿着装有溶液部分）进行读数。

② 注入或放出溶液后，需等1～2 min，使附着在内壁的溶液流下后才读数。

③ 带白底蓝线的滴定管，读取蓝线的最尖部分所处刻度线；一般滴定管则读取与弯月面相切的刻度数。刻度读数要求读到小数点后第二位。

3.移液管和容量瓶的相对较准

移液管使用时，用洗耳球把溶液吸到稍高于刻度处，迅速用食指按住管口。提起移液管，使管尖靠着贮液瓶口，用拇指和中指轻轻转动，让溶液慢慢流出，待溶液弯月面与刻度相切时，立即按紧食指。移入准备接收溶液的容器内，并使管尖靠着容器内壁，放开食指，让溶液自由流出，溶液流尽后再等15 s才能取出移液管。

移液管、容量瓶均可用称量法校正。但在实验工作中，移液管与容量瓶配合使用，因此，重要的不是知道它们的准确容积，而是要确定它们之间的体积是否彼此成一定的比例关系，在这种情况下，通常只需做相对校正。

例如，20 mL移液管其容积应等于100 mL容量瓶的五分之一。如果比例恰好不是1∶5（或多或少），可在容量瓶上重新做一标记，此标记只说明这支移液管与这个容量瓶的相对比值，所以两者应配套使用。

经过相对校准，尽管移液管与容量瓶的真实体积不知道，也可能不准，但用移液管吸取的溶液的体积，却正好是容量瓶容积的几分之一。

实验结束后，将滴定管装蒸馏水（满至管口附近，管尖也充满水），盖上小塑料盖。垂直夹在滴定管架上。公用仪器放回原处，清理环境，擦净桌面，经指导教师检查允许后，方可离开实验室。

五、思考题

1. 滴定管尖嘴上挂水滴，滴定开始和滴定结束的处理方法为何不同？

2. 移液管和容量瓶相对校准的意义何在？

实验二　电子天平

一、实验目的

学习并掌握电子天平称量物体的方法。

二、实验原理

分析天平是定量分析中最重要的仪器之一，了解分析天平的结构和正确地进行称量，是做好定量分析实验的基本保证。常用的分析天平有阻尼天平、半自动电光天平、全自动电光天平、单盘电光天平、电子天平等。其中阻尼天平、半自动电光天平、全自动电光天平、单盘电光天平在结构上是利用杠杆原理实现力矩的平衡；电子天平是利用电子装置完成电磁力补偿的调节，使物体在重力场中实现力的平衡，或通过电磁力矩的调节，使物体在重力场中实现力矩的平衡。电子天平最基本的功能是自动调零、自动校准、自动扣除空白和自动显示称量结果。本实验使用的是 AL204 型电子天平（见图 2-1），一般情况下，只使用开/关键、去皮/调零键和校准/调整键。

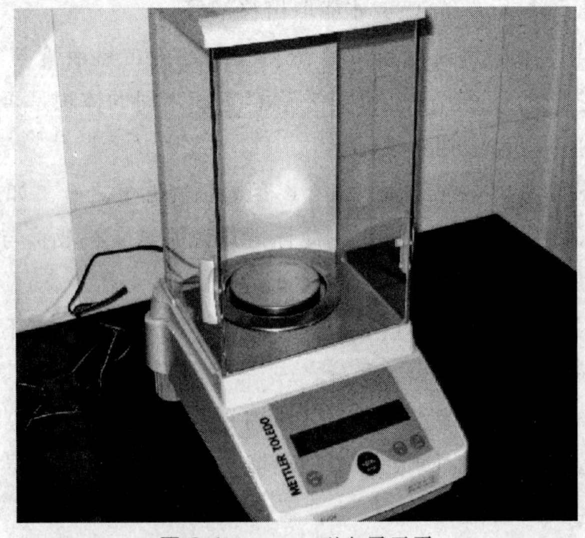

图 2-1　AL204 型电子天平

AL204 型电子天平使用时的操作步骤如下：

① 在使用前观察水平仪是否水平。若不水平，需调整水平调节脚。

② 接通电源，预热 15 min 后使用。

③ 短按 O/T 键（即图 2-1 中中间大圆键），显示屏全亮，出现 8888888 kg，约 2 s 后，显示 0.0000 g，就可以正常称量（如果盘上有物体，短按 O/T 键后显示 0.0000 g，即表示去皮）。

④ 左边的 1/10d 键，短按此键是仪器称量的准确程度（即 1/1000 g 或 1/10000 g 的换挡）；长按此键显示 200 g（供仪器外部砝码校正，每台仪器自带 200g 校正砝码）。

⑤ 右边两键不是常用键，本实验中无需使用。

⑥ 称量完毕，取下被称物，长按 O/T（OFF）键即关闭显示屏的电源。

三、实验仪器与试剂

1. 仪器：电子天平（AL204，精确至 0.0001 g），砝码，镊子，表面皿，称量瓶，天平毛刷。

2. 试剂：铝片，SiO_2。

四、实验步骤

常用的称量方式有直接称量法和差减称量法。

1. 直接称量法

当显示屏上出现 0.0000 g 后，轻轻平推开左边门，将铝片放在盘中央，再轻轻平推关上门，待数值稳定后，记下铝片的质量（m_1）。

2. 差减称量法

（1）称铝片

取出铝片放在表面皿上，将表面皿＋铝片轻轻放在盘中央，按上述步骤称量，并记下表面皿＋铝片的总质量（m_2）。取出铝片，按直接称量法的步骤称量表面皿，并记下表面皿的质量（m_3）。因此，铝片的质量＝m_2-m_3。

（2）称出 0.4～0.6 g 的 SiO_2

差减称量法操作示意图如图 2-2 所示。

称出 0.4～0.6 g 的 SiO_2 一般使用差减称量法。

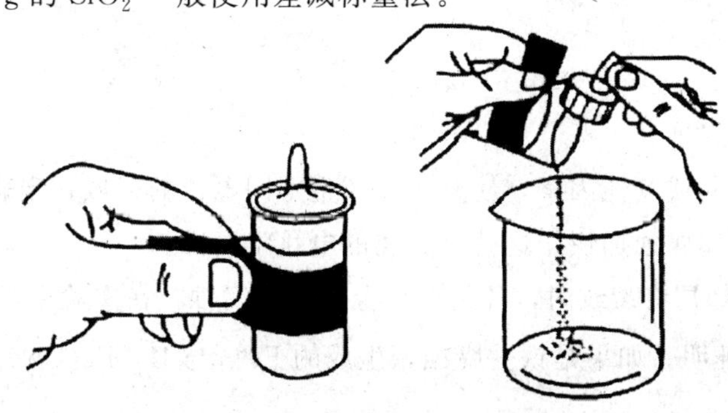

图 2-2 差减称量法示意图

① 用纸条夹取一只清洁、干燥的称量瓶，放在电子天平上，称出约重后，打开称量瓶盖，盖仍放在电子天平上，将 SiO_2 轻轻敲入称量瓶中（约 1.5 g），盖好瓶盖，将装 SiO_2 的试剂瓶放回原来位置。

② 将装有 SiO_2 的称量瓶（用纸条夹取，避免手指与称量瓶直接接触）放在电子天平上称出质量，记下 SiO_2＋称量瓶的总质量（m'_1），然后小心地把 SiO_2 的一部分转移至小烧杯中。转移时，左手拿称量瓶（用纸条），右手拿称量瓶盖（用小纸片），将称量瓶斜拿（瓶口略低于瓶底）于小烧杯上，用瓶盖轻轻敲击称量瓶口的前上方，使试样落入杯中，然后，小心竖起称量瓶，继续轻轻敲击，使瓶口试样下落，瓶口没有试样时再盖好盖子。只有这时才能将称量瓶离开小烧杯。试称称量瓶的质量，若所取试样不够，可反复上述操作，再次敲击，直至所取量在要求的范围之内，记下剩余 SiO_2＋称量瓶的质量（m'_2），并算出称出的 SiO_2 的质量。

五、思考题

1. 称量时为什么必须关闭天平的门？

2. 差减称量过程中是否能用小勺取样，为什么？

实验三　电化学实验

一、实验目的

1. 利用原电池原理分析金属腐蚀过程。

2. 了解电解原理的应用——电镀。

3. 熟悉阳极氧化的操作条件、步骤和方法。

4. 了解阳极氧化是防止铝合金腐蚀的方法之一以及阳极氧化的氧化膜耐腐蚀性能的检验方法。

二、实验原理

1. 金属的电化学腐蚀

金属的组成不均匀或其他因素，使金属上产生不同电位的区域，当表面有电解液时，即形成腐蚀电池，使金属腐蚀加快。这就是金属的电化学腐蚀。

马口铁和白铁的镀层有裂纹时，各是哪种金属遭受腐蚀？在实验中可以用 $K_3[Fe(CN)_6]$（铁氰化钾）溶液来证明。如果是铁受腐蚀，生成的 Fe^{2+} 与 $K_3[Fe(CN)_6]$ 作用，能生成特有的蓝色沉淀：

$$3Fe^{2+} + 2[Fe(CN)_6]^{3-} = Fe_3[Fe(CN)_6]_2 \downarrow (\text{蓝色沉淀})$$

如果是锌受腐蚀，生成的 Zn^{2+} 与 $K_3[Fe(CN)_6]$ 作用，生成淡黄色的沉淀：

$$3Zn^{2+} + 2[Fe(CN)_6]^{3-} = Zn_3[Fe(CN)_6]_2 \downarrow (\text{淡黄色沉淀})$$

2. 电镀——在铁上镀铜

电镀就是在电镀液中通入电流，在作为阴极的金属表面上镀上另一种金属（如 Cu、Zn 等）的过程。在铁上镀铜，主要目的是作为镀层之间的中间层，使底层金属与表面镀层很好地结合在一起。在防止渗碳方面，镀铜也得到广泛的应用。

要得到结合牢固、质量良好的镀层，必须做好镀件表面的除油、除锈工作，选择适合的电解液，控制一定的温度、电流密度等。

本实验所选电镀液的成分为 $H_2C_2O_4$、氨水及 $CuSO_4$。用 $H_2C_2O_4$ 和氨水的目的是与 $CuSO_4$ 作用生成配盐 $(NH_4)_4[Cu(C_2O_4)_3]$（草酸铜铵），再从配离子中电离出 Cu^{2+}。具体反应过程如下：

$$CuSO_4 + 4NH_3 \cdot H_2O = [Cu(NH_3)_4]SO_4 + 4H_2O$$

$$[Cu(NH_3)_4]SO_4 + 3H_2C_2O_4 = (NH_4)_4[Cu(C_2O_4)_3] + H_2SO_4$$

$$[Cu(C_2O_4)_3]^{4-} \rightleftharpoons Cu^{2+} + 3C_2O_4^{2-}$$

在电镀过程中，Cu^{2+} 在阴极上获得电子被还原成 Cu 沉积在阴极上。在形成配离子后的电镀液中，自由的金属离子浓度很低，镀出的镀层精细而均匀，紧密地镀在上面而不易剥落下来。

3. 铝合金的阳极氧化（简称阳极化）

金属铝与空气接触后形成一层氧化膜（Al_2O_3），但这种氧化膜较薄（仅 0.02～1 μm），不能达到保护工件的要求。为了提高氧化膜的厚度，常在稀硫酸溶液中，把铝合金作阳极、铅作阴极进行阳极氧化，得到厚度达 3～320 μm 的氧化膜，以增强工件的抗腐蚀能力。铝合金的阳极氧化过程是铝表面氧化膜形成和氧化膜溶解同时进行的过程。

铝表面氧化膜形成的电化学反应如下：

$$2Al + 6OH^- - 6e^- = Al_2O_3 + 3H_2O$$

与此同时，还有析氧反应发生：

$$4OH^- - 4e^- = 2H_2O + O_2 \uparrow$$

析出的氧将露出的金属部分氧化，当生成的膜不致密时，可被 H_2SO_4 溶解。其反应如下：

$$Al_2O_3 + 3H_2SO_4 = Al_2(SO_4)_3 + 3H_2O$$

阳极氧化的目的是要使铝合金表面生成一层良好的致密的保护膜。因铝合金自然氧化后生成的不致密的膜易被溶解，而采用阳极氧化能够形成一层比自然氧化膜厚得多的致密的氧化膜。所以，在阳极氧化时，要选择一定的操作条件，使生成膜的速度高于氧化膜溶解的速度。如果采用硫酸溶液氧化时，温度、电解液浓度和电流密度等条件，对氧化膜的形成都有很大影响。当温度在−4℃时，可得到厚度为100～300 μm的氧化膜，在15～20℃时形成的氧化膜厚度常小于20 μm。

三、实验仪器与试剂

1.仪器：点滴板，试管，有机玻璃槽，铝极板，铅极板，塑料饭盒，砂纸，温度计，计时器，铜棒（ϕ8 mm），电源线（带接线勾及鳄鱼夹），直流稳铜丝（ϕ0.8 mm），锉刀，稳压稳流电源，酒精灯，电炉，塑料废液烧杯（250 mL），玻璃烧杯（600 mL）。

2.试剂：HCl($1\ mol \cdot L^{-1}$)，白铁皮，铁钉，乌洛托品（20%），马口铁，$K_3[Fe(CN)_6]$（0.1%），HCl($2\ mol \cdot L^{-1}$)，H_2SO_4（20%），HNO_3（30%），钝化液（10% $K_2Cr_2O_7$），苯胺（新蒸馏），检验液（由盐酸25 mL、重铅酸钾3 g、水75 mL配制而成），除油液（每100 mL溶液中含氢氧化钠1.5 g、磷酸钠7 g、碳酸钠4 g、硅酸钠0.5 g），电镀液（每1000 mL溶液中含硫酸铜10～15 g、草酸60～100 g、氨水65～80 mL）。

四、实验步骤

1.金属的电化学腐蚀

① 取$1\ mol \cdot L^{-1}$ HCl及0.1% $K_3[Fe(CN)_6]$溶液各1滴，放在点滴板的同一个窝中，然后将擦干净的铁钉与点滴板窝中的溶液接触，观察现象，将此现象与下述②的实验现象进行比较，以辨别铁是否被腐蚀。

② 取白铁（镀锌铁）及马口铁（镀锡铁）各一片（如果表面有油污时，用去污粉刷洗后，再用纸将水分擦干），用锉刀在上面锉深痕，使镀层破裂，将这两种铁片分别放入点滴板的小窝中。然后分别在锉有深痕处同时滴加1滴$1\ mol \cdot L^{-1}$ HCl及0.1%$K_3[Fe(CN)_6]$溶液各1滴，观察在两块铁片的深痕处各有什么现象，并和①进行比较，说明两块铁片中各是哪种金属被腐蚀，为什么？

2.缓蚀剂的作用

① 取2支试管，各加入$1\ mol \cdot L^{-1}$ HCl 2滴管，并分别同时投入擦光的铁钉一只，稍微加热，待气泡产生后，在一支试管中逐滴加入5～10滴苯胺，振荡使混合均匀，另一支试管中不加，观察两支试管中铁钉周围气泡生成的速度有何不同（用过的铁钉洗净收回）。

② 取2支试管，各加入$1\ mol \cdot L^{-1}$ HCl 2滴管及1～3滴0.1%$K_3[Fe(CN)_6]$溶液。在一支试管中滴加5滴20%乌洛托品溶液，在另一试管中滴加5滴水（使两管中HCl浓度相同），再同时各加入一支用砂纸擦光的铁钉，比较两管颜色出现的快慢和深浅是否相同。

3.电镀——在铁上镀铜

① 零件（铁钉）的预处理：用砂纸打磨净大铁钉上的铁锈，用水冲洗干净，擦干待用。

② 电镀：用直流稳流稳压电源器作电源，铜棒作阳极接正极，被镀零件（铁钉）作阴极接负极。为了防止被镀零件在镀液中钝化，同时避免被镀零件与镀液中离子发生置换反应而影响结合力，被镀零件必须带电入槽。即先将铜棒浸入电解液中，打开电源，把粗电流和

粗电压按逆时针方向拧到最小后将铁钉浸入电解液中，再根据实验现象进行电流和电压的调整（反应不能太快，尽量用细调钮来调整）。电镀 10 min 后，取出铁钉观察是否已镀上了铜。如果希望得到较厚的镀层，可以继续电镀。

③ 取出零件用水洗 1～2 min。

4. 铝合金的阳极氧化（阳极化）

（1）阳极化条件

电解液，20%硫酸溶液；电流密度（直流），0.15 $A \cdot cm^{-2}$；电压，12～15 V；溶液温度，小于 28℃；氧化时间，30～40 min。

（2）操作步骤

① 在有机玻璃槽中，盛 2/3 体积的 20% H_2SO_4 溶液，将两根已除掉氧化层及灰尘的铜棒放在玻璃槽上面，一根铜棒接电源正极，另外一根接电源负极。

② 将零件（铝片 a、b、c 三片）表面处理干净（用砂纸打光）。

③ 用自来水冲洗后，放在 60℃的除油液中 1～2 min（零件无油此步可省）。

④ 在流水中冲洗，并检查油是否除净（不挂水珠）。

⑤ 置于 30% HNO_3 溶液中漂洗 1～2 min，取出用自来水冲洗（若没除油，此步可省）。

⑥ 用铜丝先将两个铅板挂在一根铜棒上（接电源负极），然后将 b、c 两个铝片挂在另外一根铜棒上（接电源正极），通电 30～40 min（a 片留作对比用）。

⑦ 将两个铝片取出，立即用自来水冲洗 1～2 min，将铝片 c 置于沸腾的 10% $K_2Cr_2O_7$ 溶液中进行钝化（封闭处理）15～20 min，然后取出铝片用自来水冲洗干净。

⑧ 铝片干后，在铝片 a（未阳极）、b（阳极化）、c（已钝化）上，各滴 1 滴检验液，记录出现绿色的时间。

注意事项：

[1] 所有的金属（铜棒、铜丝、铁钉、铅板和铝板等）都要用砂纸打磨并要用抹布擦掉上面的灰尘，这些操作都在放有防磨的公用边台上进行。

[2] 调节直流电源时，不能超过直流电源的输入及输出电压。

[3] 未接负载时，调节箭头应指向最低挡，不能任意扭动，以防电压过高损坏仪器。

[4] 工件放入电解槽中不要使阳极和阴极接触，以免短路。

[5] 实验结束后，关掉电源，取下鳄鱼夹，把一个鳄鱼夹夹到另外一个鳄鱼夹的绝缘部位上，以避免其他同学操作不慎造成短路烧坏仪器。

五、思考题

1. 白铁与马口铁在进行电化学腐蚀时，为什么白铁是镀层锌先被腐蚀，而马口铁是铁先被腐蚀？

2. 阳极化时为了得到良好的氧化层应注意哪些问题？

3. 检验阳极化层时，出现的绿色物质是什么？

实验四　氨基的测定

一、实验目的

1. 学习盐酸溶液浓度的标定方法。

2. 学习有机胺的测定方法。

3. 了解混合指示剂的优点及使用。

二、实验原理

1. 酸标准溶液的标定

标定酸的基准物质常用无水碳酸钠和硼砂（$Na_2B_4O_7 \cdot 10H_2O$）。用无水碳酸钠标定盐酸的反应如下：

$$Na_2CO_3 + 2HCl = H_2CO_3 + 2NaCl$$

化学计量点时，由于产物有 H_2CO_3，滴定的突跃范围 pH 为 3.5～5，故选用甲基橙或甲基红作指示剂。无水碳酸钠应预先于 180℃下充分干燥，装在带塞的玻璃瓶中，并存放于干燥器内备用。

2. 氨基的定量测定

氨基（$-NH_2$）是含氮元素的碱性官能团。大部分有机胺类可以在水溶液中或有机溶剂中用酸滴定法来测定。一般来说，脂肪族胺的碱性较强，大多数易溶于水，在水中的解离常数 K 大约在 10^{-6}～10^{-3} 之间，所以，可用强酸（如盐酸）直接滴定。而芳胺及其他弱有机胺类（如吡啶等）的 K 值低至 10^{-12}，又难溶于水，显然在水溶液中无法滴定，但可以在特殊的有机溶剂（如乙二醇、异丙醇等）中用强酸（如高氯酸）作标准溶液进行滴定。

用酸滴定法测定氨基方法比较简便，本实验用盐酸标准溶液测定样品中乙醇胺的含量，反应产物是强酸弱碱盐，滴定反应如下：

$$HOCH_2CH_2NH_2 + HCl = HOCH_2CH_2NH_2 \cdot HCl$$

化学计量点时溶液的 pH 呈弱酸性，故选用甲基红-溴甲酚绿混合指示剂（$pK_{Hin} \approx 5.1$），终点颜色变化特别明显，易于掌握，准确度较高。

三、实验仪器与试剂

1. 仪器：电子天平（AL204，精确至 0.0001 g），聚四氟乙烯塞滴定管（25 mL），容量瓶（100 mL），移液管（20 mL），试剂瓶（500 mL），锥形瓶，烧杯，量筒。

2. 试剂：盐酸（1∶1），无水碳酸钠（固），甲基橙指示剂，乙醇胺试样，甲基红-溴甲酚绿混合指示剂。

四、实验步骤

1. 酸标准溶液的标定

① 无水碳酸钠用量的计算：计算配制 100 mL 0.05 mol·L^{-1} 碳酸钠溶液，需无水碳酸钠固体的质量。

② 0.1 mol·L^{-1} 盐酸溶液的配制：用 10 mL 量筒量取一定量的盐酸（用量自己计算），用蒸馏水调至 10 mL，倒入有玻璃塞的试剂瓶中，加蒸馏水稀释至 300 mL，盖上玻璃塞，摇匀，准备标定。

③ 称样与溶解：用减量法准确称取一定量的无水碳酸钠固体于小烧杯中。加蒸馏水约 30 mL 于小烧杯中，用玻璃棒搅动，促使碳酸钠固体溶解。然后小心地把碳酸钠溶液沿玻璃棒全部转入 100 mL 容量瓶中（注意：溶液不能有任何溅出，为什么?），再用少量蒸馏水洗烧杯和玻璃棒 3～4 次，洗烧杯时，务必使内壁全部被洗到。所有的溶液均转入容量瓶内，继续用小烧杯加水，直到水面略低于容量瓶颈的刻度（千万不可超过刻度！否则要重称），再用洗瓶或滴管滴加蒸馏水，使瓶内溶液的弯月面的最低点恰好与容量瓶的标线相切为止。盖上瓶塞，上下翻转摇动十多次，使溶液混合均匀，静置 5 min 以上待用。

④ 分取溶液：用移液管吸取碳酸钠溶液少量润洗三次（用移液管移取溶液前，需用待吸液润洗三次，以保证与待吸溶液处于同一浓度状态。具体方法是：将待吸液吸至球部的四分之一处，注意勿使溶液流回，以免稀释溶液，润洗过的溶液应从尖口放出，弃去）。然后吸出溶液 20 mL，放入锥形瓶中（同时取三份）。加蒸馏水约 20 mL（可用洗瓶顺锥形瓶壁冲洗 2～3 圈），加甲基橙指示剂 1 滴，准备标定。

⑤ 标定：取出配好的盐酸溶液，每次用前都要摇匀，防止水分凝结瓶壁而改变溶液浓度。然后，用待标定的盐酸溶液洗滴定管，以免盐酸溶液被稀释。为此，注入 5～10 mL 盐酸溶液于滴定管中，然后两手平端略倾斜滴定管，慢慢转动，使溶液流遍全管。再把滴定管竖起，打开滴定管旋塞，使溶液从下端流出。如此洗 2～3 次，即可装入盐酸溶液，调整液面至零线或零线稍下，准确读取数值（a_1），并记录在预习记录本上。滴定管下端如有悬挂的液滴，应除去。从滴定管中将盐酸溶液慢慢滴入第一个锥形瓶中，并不断摇动，近终点时（若瓶壁溅有液滴，可用洗瓶顺锥形瓶壁冲洗一周）要慢滴（不能成直线状）多摇，滴至溶液由黄色变橙色为止。记下读数（a_2），求出用去盐酸的体积。再装满滴定管，用同样方法，滴定第二份和第三份溶液。根据无水碳酸钠的质量和所用盐酸溶液的体积，计算盐酸的准确浓度（要求保留四位有效数字）。

2. 氨基的定量测定

① 取三个锥形瓶，先编好号（玻璃器皿上留有可用铅笔写编号的地方），用蒸馏水冲洗干净，并各加入蒸馏水 30 mL，混合指示剂 3～4 滴。若水质好，则呈灰紫色或微红色，否

则若呈绿色溶液，则用盐酸标准溶液滴至绿色恰好消失为止（不记读数）。

② 用滴瓶准确称取胺试样 0.10～0.15 g 于锥形瓶中，摇动混匀，用盐酸标准溶液滴定，由于反应进行较慢，注意慢滴多摇，直至溶液的绿色突变灰紫色即为终点，记录酸标准溶液的用量。

装满酸液，用同样操作重复滴定第二份和第三份。根据实验所得数据，计算试样中氨基（$—NH_2$）的质量分数。

五、思考题

1.盐酸为什么不能直接配成准确浓度的溶液？本实验标定盐酸用什么基准物质，为何要用甲基橙作指示剂？

2.由实验观察甲基红-溴甲酚绿混合指示剂酸色和碱色的突变，其与常用指示剂相比较有哪些优点？

3.实验开始，加入混合指示剂后，若溶液呈绿色，则要用盐酸滴至绿色消失，这是为什么？试解释原因。

实验五　混合碱含量的测定

一、实验目的

1.掌握双指示剂法测定混合碱中 NaOH 和 Na_2CO_3 含量的原理。

2.了解混合指示剂的使用及其优点。

3.熟练滴定操作和滴定终点的判断。

4.掌握定量转移操作的基本要点。

二、实验原理

混合碱是不纯的碳酸钠，它的主要成分为 Na_2CO_3，此外，还含 NaOH 或 $NaHCO_3$，以及 Na_2O、Na_2SO_4 等杂质。当用酸滴定时，除 Na_2CO_3 被滴定外，其他杂质如 NaOH 或 $NaHCO_3$ 也可与酸反应。因此，总碱度常以 Na_2O 的质量分数来表示。

如果需要测定混合碱中 Na_2CO_3 或 $NaHCO_3$ 的含量，则采用“双指示剂法”进行滴定分析：在混合碱的试液中先加入酚酞指示剂，用 HCl 标准溶液滴定至溶液呈微红色。此时试液中所含 NaOH 完全被中和，Na_2CO_3 也被滴定成 $NaHCO_3$，反应如下：

$$NaOH + HCl \longrightarrow NaCl + H_2O$$

$$Na_2CO_3 + HCl \longrightarrow NaCl + NaHCO_3$$

设此时用去 HCl 标准溶液的体积为 V_1。再加入甲基橙指示剂，继续用 HCl 标准溶液滴定至溶液由黄色变为橙色即为终点。此时 $NaHCO_3$ 被中和成 NaCl，反应为：

$$NaHCO_3 + HCl \longrightarrow NaCl + H_2O + CO_2 \uparrow$$

设第二次滴定消耗 HCl 标准溶液的体积为 V_2。根据 V_1 和 V_2 可以判断出混合碱的组成。当 $V_1 > V_2$ 时，则说明碱样系 Na_2CO_3 和 NaOH 的混合物。其中，Na_2CO_3 消耗 HCl 标准溶液的体积为 $2V_2$，NaOH 消耗 HCl 标准溶液的体积则为 $V_1 - V_2$；反之，若 $V_1 < V_2$ 时，则说明碱样系 Na_2CO_3 和 $NaHCO_3$ 的混合物，Na_2CO_3 和 $NaHCO_3$ 消耗 HCl 标准溶液分别为 $2V_1$ 和 $V_2 - V_1$。

若酸的准确浓度已知，即可分别算出混合碱各成分的含量。

三、实验仪器与试剂

1. 仪器：电子天平（AL204，精确至 0.0001 g），电子天平（500 g，精确至 0.1 g），酸式滴定管（25 mL），容量瓶（100 mL），移液管（20 mL），烧杯（100 mL），试剂瓶（500 mL），洗耳球，玻璃棒，干燥器，称量瓶（25 mm×40 mm），锥形瓶（250 mL）。

2. 试剂：混合碱试样（固），酚酞指示剂，碳酸钠（固），甲基橙指示剂，已标定的 0.10 $mol \cdot L^{-1}$ 盐酸标准溶液。

四、实验步骤

1. 称样、溶解

准确称取混合碱试样 0.5～0.6 g（准确称至四位有效数字，为什么?）于小烧杯中，加蒸馏水约 20 mL，用玻璃棒搅动促使其溶解。将溶液沿玻璃棒转入 100 mL 容量瓶中（应注意什么?），再用少量水洗烧杯和玻璃棒 3～4 次，所洗溶液均转入容量瓶内。继续加水，最后小心稀释至刻度。盖上瓶盖，上下翻转摇动几次，使溶液混合均匀。

2. 分取溶液

用少量混合碱溶液润洗移液管三次（如何洗?），然后吸取碱溶液 20 mL，注入锥形瓶中（同时吸取三份），加蒸馏水约 20 mL（可用洗瓶顺锥形瓶壁冲洗两圈），加酚酞指示剂 4 滴（溶液显红色，为什么?），摇匀。

3. 滴定

滴定管装好盐酸标准溶液（如何准备?）。取混合碱试液一瓶，从滴定管逐滴加入盐酸标准溶液滴定至溶液呈很淡的粉红色，记录用去盐酸标准溶液的体积 V_1。紧接着加甲基橙指示剂 2 滴，继续用盐酸标准溶液小心滴定至溶液由黄色突变橙色为终点，记录用去盐酸标准溶液的体积 V_2。

加满滴定管中的酸液，用同样方法，重复滴定第二份和第三份试样溶液。

根据 V_1 和 V_2 数据的大小，判断试样的成分。由盐酸标准溶液的浓度，滴定所消耗 HCl 标准溶液的体积 $V = V_1 + V_2$，以及称取碱样的质量 G，计算混合碱试样的总碱度［用 Na_2O 的质量分数（%）表示］。

五、思考题

1. 根据双指示剂滴定混合碱所消耗标准溶液的体积，前后若有如下关系，试判断混合碱的成分。

① $V_1 = V_2$ ② $V_1 \neq 0$，$V_2 = 0$ ③ $V_1 = 0$，$V_2 \neq 0$

2. 用移液管吸取碱溶液要准确，放入锥形瓶后所加蒸馏水是否也要准确，为什么？

实验六　醋酸总酸度的测定

一、实验目的

1. 学习碱标准溶液的标定方法。

2. 练习用减量法分次称样。

3. 了解强碱滴定弱酸过程中溶液 pH 的变化情况。

4. 进一步理解化学计量点与选择指示剂的关系。

二、实验原理

1. 碱标准溶液的标定

用间接法配制的氢氧化钠溶液，一般以邻苯二甲酸氢钾（于 105～120℃干燥 2～3 h）或结晶草酸（$H_2C_2O_4 \cdot 2H_2O$，室温、空气干燥）等基准物质来标定它的准确浓度。

邻苯二甲酸氢钾（$KHC_8H_4O_4$）是一个二元弱酸的酸式盐，可与氢氧化钠发生如下反应：

$$C_6H_4(COOH)(COOK) + NaOH \longrightarrow C_6H_4(COONa)(COOK) + H_2O$$

由于到达化学计量点时的产物邻苯二甲酸钾钠是强碱弱酸盐，它的水解使溶液呈弱碱性（pH≈8.9），故以邻苯二甲酸氢钾为基准物质标定氢氧化钠标准溶液用酚酞作指示剂。

2. 醋酸总酸度的测定

醋酸为一元弱酸，电离常数 $K_a = 1.8 \times 10^{-5}$，用氢氧化钠标准溶液滴定时，其反应为：

$$NaOH + CH_3COOH = CH_3COONa + H_2O$$

该反应是强碱滴定弱酸，故化学计量点时溶液的 pH 应>7，如果氢氧化钠溶液和醋酸溶液的浓度均为 $0.1\ mol \cdot L^{-1}$，则滴定时溶液的 pH 突跃范围为 7.7～9.7，通常选用酚酞为指示剂，由无色变成微红色在半分钟内不褪色则为终点。醋酸中除 CH_3COOH 外，还可能存在其他各种形式的酸，均能与氢氧化钠反应，因此，滴定所得为总酸度，通常以 CH_3COOH 的含量（g・L^{-1}）表示。

三、实验仪器与试剂

1.仪器：电子天平（AL204，精确至0.0001 g），电子天平（500 g，精确至0.1 g），酸式滴定管（25 mL），容量瓶（100 mL），量筒（50 mL），锥形瓶（100 mL），移液管（20 mL），试剂瓶（500 mL），移液管（25 mL，公用），洗耳球，干燥器，称量瓶（25 mm×40 mm）。

2.试剂：氢氧化钠（s），酚酞指示剂，邻苯二甲酸氢钾（s），醋酸试样。

四、实验步骤

1.碱标准溶液的标定

① 邻苯二甲酸氢钾用量的计算：计算标定0.1 mol・L^{-1}氢氧化钠溶液20～24 mL，需用邻苯二甲酸氢钾的质量（g）。

② 0.1 mol・L^{-1}氢氧化钠溶液的配制：在电子天平上用小烧杯迅速称取所需氢氧化钠固体（需用量应事先算好），加蒸馏水50 mL（用50 mL量筒量取），搅动使氢氧化钠全部溶解，转入试剂瓶中，用水稀释至300 mL，盖好瓶盖，摇匀，静置5 min以上待用。

③ 称样与溶解：用减量法准确称出邻苯二甲酸氢钾每份所需质量，分别放入三个锥形瓶中（锥形瓶要编号，玻璃器皿上留有可用铅笔写编号的地方），每瓶各加蒸馏水（温度较低时要用稍热的蒸馏水）约30 mL（用量筒量取），静置1～2 min，摇至完全溶解，然后，用洗瓶吹洗锥形瓶内壁一圈摇匀，加酚酞指示剂4滴，总体积约40 mL。

④ 标定：取出配好的氢氧化钠溶液，每次用前都要摇匀，防止水分凝结瓶壁而改变溶液浓度。然后，用待标定的氢氧化钠溶液洗滴定管，以免氢氧化钠溶液被稀释。为此，注入5～10 mL氢氧化钠溶液于滴定管中，然后两手平端略倾斜滴定管，慢慢转动，使溶液流遍全管。再把滴定管竖起，使溶液从下端流出。如此洗2～3次，即可装入氢氧化钠溶液，排去滴定管下端的空气，调整液面至零线或零线稍下，准确读取数值（a_1）并记录在预习记录本上。滴定管下端如有悬挂的液滴，应除去。

从滴定管中将氢氧化钠溶液慢慢滴入第一个锥形瓶中，并不断摇动，近终点时（若瓶壁溅有液滴，可用洗瓶顺锥形瓶壁冲洗一周）要慢滴（不能成直线状）多摇，滴至刚出现粉红色在摇动下半分钟不褪去为终点，记下读数（a_2），求出用去氢氧化钠溶液的体积。再用碱液装满滴定管，用同样方法，重复滴定第二份和第三份溶液。

根据邻苯二甲酸氢钾的质量（$m_{邻}$）和所用的碱标准溶液的体积（V_{NaOH}），计算碱溶液的准确浓度（c_{NaOH}）(保留四位有效数字)。

2.醋酸总酸度的测定

① 稀释试液：用移液管吸取试样溶液25 mL置于100 mL容量瓶中，加水至刻度，摇匀。

② 用20 mL移液管取稀释的试液于锥形瓶中（同时取三份），加水约20 mL（用洗瓶吹洗

锥形瓶内壁3圈)，各加酚酞指示剂4滴，依次用氢氧化钠标准溶液滴至终点（颜色变化如何？怎样才算到达终点?)。根据所得数据，计算醋酸的总酸度［以 CH_3COOH 的含量（$g \cdot L^{-1}$）表示，列出计算公式］。

五、思考题

1. 能否配成准确浓度的氢氧化钠溶液，为什么？

2. 计算氢氧化钠滴定邻苯二甲酸氢钾溶液时，滴定前与化学计量点的pH各为多少？

3. 本实验属于哪类滴定，试计算化学计量点时的pH。

4. 试解释空气中的二氧化碳为什么会影响酚酞指示剂的终点？

实验七　水的总硬度测定

一、实验目的

1. 了解配位滴定法的基本原理。

2. 学习EDTA标准溶液的配制和标定方法。

3. 学习水的总硬度测定。

4. 了解水硬度的表示方法。

二、实验原理

1. 配位滴定标准溶液的制备

配位滴定法广泛应用的标准溶液是乙二胺四乙酸二钠盐，简称EDTA，通常含两分子结晶水，分子式用 $Na_2H_2Y \cdot 2H_2O$ 表示，为白色结晶粉末。

由于EDTA与各价态的金属离子配合，一般都形成配位比为1∶1的配合物，为计算简便，EDTA标准溶液通常都用物质的量浓度表示。

EDTA标准溶液可用基准级的固体直接配成，但一般都是间接法先配成大约浓度，再用基准物质如碳酸钙、硫酸镁、氧化锌、金属锌等标定，采用金属指示剂确定滴定终点。

例如，用锌标定EDTA标准溶液时，在pH≈10（氨缓冲溶液），以铬黑T（简称EBT）作指示剂来说明颜色变化过程及终点判断。

① 滴定前，在溶液中加入铬黑T指示剂，则指示剂阴离子（蓝色，以In表示）与 Zn^{2+} 生成红色配合物。

$$\underset{}{Zn^{2+}} + \underset{\text{蓝色}}{In} \longrightarrow \underset{\text{红色}}{ZnIn}$$

② 滴定开始至化学计量点前，逐滴加入的EDTA（以Y表示）与Zn^{2+}配合，形成稳定的无色配合物。

$$\underset{}{Zn^{2+}} + Y \longrightarrow \underset{\text{无色}}{ZnY}$$

③ 化学计量点时，继续滴入的EDTA夺取红色ZnIn配合物中的Zn^{2+}，而使指示剂阴离子游离出来，溶液呈现指示剂的蓝色。

$$\underset{\text{红色}}{ZnIn} + Y \longrightarrow \underset{\text{无色}}{ZnY} + \underset{\text{蓝色}}{In}$$

根据溶液颜色由红到蓝的急剧变化，可以确定滴定终点。

用锌标定EDTA标准溶液还可在pH=5.5（用乌洛托品作缓冲液）时，以二甲酚橙作指示剂，滴定进行到由红色变为亮黄色时即为终点。

标定选用什么条件、哪种指示剂，决定于待测离子所要求的pH范围。因下一步是测水中钙、镁含量，故本次实验在pH≈10的条件下，选用铬黑T作指示剂进行标定。

2. 水的总硬度测定

水的硬度测定可分为水的总硬度测定和钙镁硬度测定两种。总硬度的测定是滴定水中的钙镁总量，并折算成CaO含量进行计算；后一种是分别测定钙和镁的含量。

测定水的总硬度，一般采用配位法，即在pH≈10的氨缓冲溶液中，以铬黑T作指示剂，用EDTA标准溶液直接滴定钙镁。

水中的铁、铝等干扰离子用三乙醇胺掩蔽，锰离子用盐酸羟胺掩蔽，铜等重金属离子可用KCN、Na_2S掩蔽。

各国对水的硬度表示方法不同。我国常用两种方法表示：一种以度（°）计，1硬度单位表示10万份水中含1份CaO（即每升水中含10 mg CaO），即1°=10 $mg \cdot L^{-1}$ CaO；另一种是将所测得的钙、镁折算成CaO的质量，即每升水中含有CaO的质量（mg），单位为$mg \cdot L^{-1}$。

三、实验仪器与试剂

1. 仪器：电子天平（AL204，精确至0.0001 g），电子天平（500 g，精确至0.1 g），滴定管，容量瓶（250 mL），移液管（20 mL），试剂瓶（500 mL），干燥器，称量瓶（25 mm×40 mm），移液管（100 mL）烧杯，锥形瓶。

2. 试剂：EDTA(s)，氧化锌（s），氨缓冲溶液，盐酸（1∶1），铬黑T指示剂（s），氯化钠（s），自来水，三乙醇胺（1∶2），盐酸羟胺溶液（1%）。

四、实验步骤

1. 配位滴定标准溶液的制备

① 预习计算：欲配制0.01 $mol \cdot L^{-1}$ EDTA溶液300 mL，所需$Na_2H_2Y \cdot 2H_2O$固体（M=372.26 $g \cdot mol^{-1}$）的质量？

② 配制：称取 EDTA 固体于小烧杯中，加 50 mL 水，稍加热溶解，冷却后转移至试剂瓶，加水稀释至 300 mL，摇匀，以待标定。

③ 标定：准确称取一定量氧化锌（自己先算好）置于小烧杯中，逐滴加入稀盐酸（30～40 滴）摇动使之溶解，溶解后用水洗烧杯和玻璃棒，然后转入 250 mL 容量瓶中，并稀释至刻度，摇匀。

吸取含锌溶液 20 mL 于锥形瓶中（同时取三份），各加水约 20 mL（用洗瓶吹洗锥形瓶内壁 3 圈）、氨缓冲溶液 5 mL、铬黑 T 指示剂一小勺，此时溶液呈紫红色，用 EDTA 溶液慢慢滴定至溶液由紫红经紫蓝变为纯蓝，即为终点，记下 EDTA 溶液的用量。

再装满滴定管，重复上述操作，继续滴定第二份和第三份。分别计算 EDTA 溶液对氧化钙的滴定度和 EDTA 溶液的物质的量浓度。

滴定过程是配合物的解离和形成过程。反应速率较慢，特别是终点前，要慢滴多摇，各份滴定速度也应控制得差不多，否则影响测定数据的精密度。

2. 水的总硬度测定

用移液管吸取自来水 100.00 mL 于锥形瓶中（同时取三份），加盐酸羟胺 1～2 滴管，三乙醇胺 1～2 滴管，摇匀，吹洗，放置 2～3 min，加缓冲溶液 10 mL、铬黑 T 指示剂一小勺、立即用 EDTA 标准溶液滴定，注意慢滴多摇，直至溶液由紫红色变蓝色为止，记下所用 EDTA 标准溶液的体积。用同样的方法滴定另两份。

根据所取水样和 EDTA 标准溶液的用量，计算水的总硬度（以 CaO 计，$mg \cdot L^{-1}$）

五、思考题

1. 根据配位滴定反应，怎样理解“慢滴多摇”的操作过程？

2. 用 EDTA 标准溶液测定水的硬度时，应注意哪些方面？

实验八　铜盐中铜的测定

一、实验目的

1. 掌握碘量法的滴定条件。

2. 学会淀粉指示剂的配制和终点判断。

3. 通过实验理解沉淀转化原理。

二、实验原理

1. 硫代硫酸钠标准溶液的制备

结晶的硫代硫酸钠（$Na_2S_2O_3 \cdot 5H_2O$）一般均含有少量杂质，因此，不能直接配成准确浓度的溶液，其溶液也不稳定，易于分解。引起 $Na_2S_2O_3 \cdot 5H_2O$ 分解的原因有：①微生物的作用，这是分解的主要原因；②溶于水的二氧化碳的作用，反应一般在最初 14 天内进行，弱碱性溶液能抑制分解；③空气的氧化作用；④日光照射会加快硫代硫酸钠的分解速度。

因此，配制硫代硫酸钠溶液时，需用新煮沸并冷却的蒸馏水，水中事先加入少量碳酸钠（浓度约为 0.2%）使溶液呈弱碱性，以防止分解。将配好的 $Na_2S_2O_3$ 溶液储于有色瓶中，放暗处 14 天后再进行标定。长期保存的溶液，使用时随时标定，如发现溶液变浑，则说明有硫析出，必须重新配制。

标定 $Na_2S_2O_3$ 溶液用间接碘法，基准物质有重铬酸钾、碘酸钾和金属纯铜等。这些物质先与碘化钾反应，如定量的溴酸钾与碘化钾作用，第一步反应是生成定量的碘：

$$BrO_3^- + 6I^- + 6H^+ = Br^- + 3I_2 + 3H_2O$$

析出的碘，用硫代硫酸钠溶液滴定，反应生成碘离子和连四硫酸根离子（$S_4O_6^{2-}$）。

$$I_2 + 2S_2O_3^{2-} = 2I^- + S_4O_6^{2-}$$

由淀粉作指示剂确定滴定，根据蓝色恰好消失来判断。

本实验产生误差的原因可能是：第一步反应速率较慢；不易反应完全；碘的挥发损失；碘离子被空气氧化等。针对这些情况，实验中就要非常注意反应条件：

① 为加快反应速率，反应物浓度可能大些，如碘化钾加入的量一般比理论值大 2～3 倍。过量的碘离子与反应生成的碘结合。

$$I_2 + I^- = I_3^-$$

生成的配离子 I_3^- 易溶于水，从而降低碘的挥发。

② 溶液的酸度大，则反应会加速，但酸度太大，碘离子易被空气中氧所氧化，所以酸度一般以 0.2～0.4 $mol \cdot L^{-1}$ 较为合适。

③ 在暗处放置一定时间，使反应充分完全。

④ 为防止碘挥发，反应在室温下进行。

⑤ 滴定前，稀释溶液，降低酸度。这样，不仅减慢碘离子被氧化的速度，且可防止硫代硫酸钠分解。

⑥ 稀释的溶液要及时滴定，轻轻摇动，减少碘挥发损失。

⑦ 淀粉溶液在滴定接近终点时加入，否则较多的碘被淀粉胶粒包住，使蓝色褪去缓慢，妨碍终点判断。

如果滴定终点到达后，经过 5 min 溶液又出现蓝色，这是由碘离子被氧化所致，不影响分析结果。假若迅速变蓝，说明第一步反应没有完全，遇此情况，实验应该重做。

2. 铜盐中铜含量的测定

矿石、合金或铜盐中的铜含量可以应用间接碘法测定。首先，选用适当溶剂将试样溶解，制成二价铜盐溶液，再与碘化钾作用，发生下列反应：

$$2Cu^{2+}+4I^{-} \xlongequal{} 2CuI\downarrow+I_2$$

析出的碘，用硫代硫酸钠标准溶液滴定（滴定反应如何写?），可以求得铜的含量。

由于上述反应是可逆的，同时，因碘化亚铜沉淀表面强烈地吸附碘，分析结果会偏低，且影响终点的突变。因此，在接近终点时加入硫代氰酸钾，使碘化亚铜（$K_{sp}=1.1\times12^{-12}$）转化为溶解度更小的硫代氰酸亚铜（$K_{sp}=4.8\times10^{-15}$）。

$$CuI+SCN^{-} \xlongequal{} CuSCN\downarrow+I^{-}$$

这样可促使反应趋于完全，加之硫代氰酸亚铜沉淀对碘的吸附倾向较小，因而可提高测定结果的准确度。

为防止铜盐溶液水解，反应须在酸性溶液（pH＝3～4）中进行，又因大量氯离子能与二价铜离子生成配合物，所以采用硫酸或醋酸作介质。另外，测铜含量所用的硫代硫酸钠标准溶液，其浓度最好用电解纯铜标定，以抵消测定的系统误差。

三价铁离子和硝酸根离子能氧化碘离子，必须设法防止干扰。可通过加入掩蔽剂如氟化钠使三价铁离子生成 FeF_6^{3-} 配离子而消除干扰；对于硝酸根离子，则在测定前加硫酸通过溶液蒸发除去。

本实验仅能用来测定不含干扰性物质的试样。

三、实验仪器与试剂

1.仪器：电子天平（AL204），酸式滴定管，容量瓶，烧杯，锥形瓶，表面皿，移液管，试剂瓶。

2.试剂：硫代硫酸钠（s），硫酸（1∶8），溴酸钾（s），碳酸钠溶液（10%），碘化钾（s），淀粉（s），硫酸铜试剂，硫酸（1∶8），碘化钾（s），硫代氰酸钾溶液（10%），淀粉（s）。

四、实验步骤

1.硫代硫酸钠标准溶液的制备

（1）0.05 $mol\cdot L^{-1}$硫代硫酸钠溶液的配制

称取硫代硫酸钠晶体若干克（用量自己计算），加少量碳酸钠（约 0.04 g，本实验用 8～10 滴碳酸钠溶液），用新煮沸并冷却的蒸馏水溶解，稀释至 300 mL，保存于棕色试剂瓶中，在暗处放 8～14 天，以待标定。

（2）淀粉溶液的配制

取淀粉一小勺，置于小烧杯中，加几滴水调成糊状，可过量几滴水，然后倾入沸腾的 30 mL 水中，搅拌均匀，冷却待用。

（3）标定

准确称取一定量的溴酸钾（或碘酸钾）于小烧杯，加水溶解，定量地转入 100 mL 容量瓶，定容至刻度，摇匀。

吸取 20 mL 溴酸钾溶液于锥形瓶中（同时取三份）。再于一锥形瓶中加碘化钾固体 1 g，摇动溶解，加硫酸溶液 5 mL，盖上表面皿，放暗处（柜中）5 min 后，加水 20 mL（用洗瓶吹洗锥形瓶内壁 3 圈），用硫代硫酸钠溶液滴定，当溶液由棕色变浅黄色时，加入淀粉溶液 5 mL，继续慢慢滴定至蓝色（或紫蓝色恰好消失或无色透明为终点）。用同样的方法做另两份平行实验。

根据溴酸钾的质量及滴定用去硫代硫酸钠溶液的体积，计算硫代硫酸钠溶液的准确浓度。

2. 铜盐中铜含量的测定

于锥形瓶中称取 0.18～0.22 g 铜盐试样共三份，各加入稀硫酸 1 mL、水 30 mL（用量筒量取），摇动使之溶解。

取试样一份，加碘化钾固体 0.5 g，立即用硫代硫酸钠标准溶液滴定到浅黄色，然后加入 5 mL 淀粉溶液（如何配制?），继续滴到蓝灰色，加 10 mL 硫代氰酸钾溶液，摇匀，溶液的蓝色又转深，再用标准溶液滴定至蓝色恰好消失，此时溶液为米色硫代氰酸亚铜的悬浮液，即为终点。按照同样操作，滴定其余两份。计算试样中铜和硫酸铜的质量分数。

五、思考题

1. 影响硫代硫酸钠溶液稳定性的因素有哪些？配制溶液时采取哪些相应的措施？
2. 淀粉指示剂为什么要在接近终点前加入，加入过早会有什么影响？
3. 加入硫代氰酸钾的作用是什么？为什么要在接近终点时加入？
4. 如何理解沉淀的转化，沉淀转化的条件是什么？

实验九 pH 的测定

一、实验目的

1. 了解电位测定溶液中 pH 的原理方法。
2. 学习酸度计的使用方法。

二、实验原理

指示电极（玻璃电极）与参比电极（饱和甘汞电极）或者复合玻璃电极插入被测溶液中组成工作电池。

$$Ag, AgCl \mid HCl(0.1\ mol \cdot L^{-1}) \mid H^+(x\ mol \cdot L^{-1}) \parallel KCl(饱和) \mid Hg_2Cl_2, Hg$$

在一定条件下，测得电池的电动势 E 与被测溶液的 pH 呈线性关系：

$$E=K+0.059\text{pH}(25℃)$$

由测得的电动势 E 就能计算被测溶液的 pH。但上式中常数 K 实际不易求得，因此在实际工作中，用酸度计测溶液的 pH 时，首先必须用已知 pH 的标准溶液来校正酸度计（也叫定位）。

三、实验仪器与试剂

1. 仪器：pH 计，LE438 三合一电极（或 LE409 复合电极）。

2. 试剂：成套 pH 缓冲剂，待测试样溶液，电极填充/存放液，饱和 KCl 溶液。

四、实验步骤

1. DELTA320 pH 计的使用步骤

① 开电源。

② 按“模式”键，选择 pH。

③ 长按“模式”键，进入 prog 程序。

④ 短按“模式”键，找到 b，按“∧”或“∨”键选 b=3（pH=4.00，6.86，9.18）。

⑤ 按“读数”键确认。

2. 测定步骤

（1）校正

① 用 pH=6.86 的溶液洗电极，然后将电极插入盛有 pH=6.86 的标准溶液的小烧杯中，稍移动小烧杯混匀，按“校正”键，当显示屏出现 $\sqrt{A}$（终点）时，pH 应为 6.86（与温度有关）。

② 按步骤①用 pH=4.00 和 pH=9.18 的标准缓冲溶液分别进行校正。

③ 校正完后，按“读数”键（实际上是保存上述结果和退回到测量状态）。

（2）测定

① 用待测酸式样品溶液洗电极，然后插入盛有待测酸式样品溶液的小烧杯中，稍移动小烧杯混匀，按“读数”键，当显示屏出现 $\sqrt{A}$（终点）时即可读取 pH。

② 用待测碱式样品溶液洗电极，然后插入盛有待测碱式样品溶液的小烧杯中，稍移动小烧杯混匀，按“读数”键，当显示屏出现 $\sqrt{A}$（终点）时即可读取 pH。

（3）实验结束

测定完毕后，用纯净水洗电极并装上保湿帽，试剂放回原处，清理桌面。

五、思考题

1. 怎样理解 pH 的定量关系式，为什么用标准液校正酸度计？

2. 玻璃电极使用前为何要浸泡？

实验十　醋酸电离常数的测定

一、实验目的

1. 加深对电离平衡基本概念的理解。

2. 学习醋酸电离常数的测定方法。

二、实验原理

醋酸是弱电解质，在水溶液中存在着下列电离平衡：$HAc \rightleftharpoons H^+ + Ac^-$，其电离常数为：

$$K_a = \frac{[H^+][Ac^-]}{[HAc]}$$

若 c 为 HAc 的起始浓度，$[H^+]$、$[Ac^-]$、$[HAc]$ 分别为 H^+、Ac^-、HAc 的平衡浓度，α 为电离度，则有：

$$K_a \approx \frac{[H^+]^2}{c}, K_a = \frac{[H^+]^2}{c-[H^+]}$$

在纯的醋酸溶液中，$[H^+]=[Ac]$，$[HAc]=c(1-\alpha)$，则当 $\alpha<5\%$时，

$$K_a \approx \frac{[H^+]^2}{c}$$

所以在一定温度下，测定已知浓度 HAc 溶液的 pH，根据 $pH=-\lg[H^+]$ 算出 $[H^+]$，代入上式中，就可求得该温度下 HAc 的电离常数。

三、实验仪器与试剂

1. 仪器：酸度计，复合电极，容量瓶（50 mL），酸式移液管（25 mL）。

2. 试剂：醋酸标准溶液（约 0.1 $mol \cdot L^{-1}$），缓冲溶液（pH=6.88），电极填充/存放液，KCl 溶液（3 $mol \cdot L^{-1}$）。

四、实验步骤

① 用酸式移液管量取醋酸标准溶液 5.00 mL、10.00 mL、20.00 mL、25.00 mL 分别置于 4 个 50 mL 的容量瓶中，加水至刻度，摇匀，记为醋酸标准溶液 A、B、C、D。

② 按实验九（pH 的测定）的方法安装好测 pH 的工作电池，用标准缓冲溶液（pH=6.88，pH=4.00）校正（或定位）酸度计。

③ 取出电极，用蒸馏水洗净。

④ 用小烧杯装 2/3 醋酸标准溶液 A，插入电极（小烧杯和电极均用少量的醋酸标准溶液 A 洗 2～3 次），轻轻摇动烧杯，使之均匀，记录 pH。

⑤ 按步骤④依次测定醋酸标准溶液 B、C、D 的 pH。

⑥ 测定完毕后，切断电源，取出电极，用水洗净后放回原处。

五、思考题

1. 测定醋酸电离常数的依据是什么？

2. 不同浓度醋酸溶液的电离度是否相同？电离常数是否相同？

实验十一　分光光度法测定钢中锰含量

一、实验目的

1. 通过锰含量的测定，学习分光光度法的应用。

2. 了解 723N 型可见分光光度计的使用方法。

3. 了解 723PC 型可见分光光度计的使用方法。

二、实验原理

比色分析的基本依据是有色物质对光的选择吸收作用，而吸收曲线描述了物质对不同波长光的吸收能力。吸收曲线的高峰相应的波长称为最大吸收波长（用 λ_{max} 表示）。不同浓度的溶液，其 λ_{max} 不变。在分光光度分析中，通常固定吸收池的厚度不变，用可见分光光度计测量有色溶液的吸光度。

根据朗伯-比耳定律：$A=abc$。吸光度与吸收物质的浓度成正比，故以吸光度为纵坐标、浓度（或体积）为横坐标作图，可得通过原点的标准曲线。根据标准曲线可求出未知物的含量。

锰在硝酸介质中可被氧化成紫红色的高锰酸根离子，颜色稳定，显色后 2 h 内比色时吸光度不变，重现性好。

三、实验仪器与试剂

1. 仪器：723N 型可见分光光度计，吸量管（5.00 mL），容量瓶（50 mL）。

2. 试剂：高锰酸钾标准溶液，试样溶液，高锰酸钾 A、B、C 溶液。

四、实验步骤

1. 723PC 型可见分光光度计测定吸收曲线

(1) 723PC 型可见分光光度计的使用步骤：

① 将比色皿架拉杆推至尽头。

② 开启 723PC 型可见分光光度计电源，仪器自检至 546.0 nm、0.000 A，预热 15 min。

③ 开启电脑电源，双击电脑桌面“win-sp5”的图标。

④ 单击“联机”，再单击“快速联机”，单击“光谱扫描模式”，在“标注峰点”单击勾选，“测试模式”单击“吸光度”，在“光谱扫描设置”中的“扫描间隔（nm）”输入“1”，“扫描起点（nm）”输入“430”，“扫描终点为（nm）”输入“600”。

(2) 测定步骤

① 用吸量管量取高锰酸钾标准溶液 1.00 mL、3.00 mL、5.00 mL 分别置于对应的编号 A、B、C 的 50 mL 容量瓶中，加水稀释至刻度，摇匀。

② 取一只比色皿，装入 2/3 的蒸馏水（不能有气泡），用吸水纸吸干比色皿外壁的水。另取三只比色皿分别装 2/3 编号 A、B、C 三只容量瓶中的高锰酸钾标准溶液（装之前分别用对应的高锰酸钾溶液洗 2～3 次比色皿），用吸水纸吸干比色皿外壁的水。

③ 将上述四只装好溶液的比色皿插入比色皿架的孔中（按比色皿架位置，将装蒸馏水的比色皿放端头）。

④ 将装蒸馏水的比色皿对准光路上，单击“扫描基线”（注意：拉杆架有四挡，第一挡是用来挡光路的）。

⑤ 将装高锰酸钾标准溶液的比色皿对准光路上，单击“扫描样品”（依次拉动拉杆架，先使 A 试液的比色皿对准光路，然后是 B 试液，最后是 C 试液）。

⑥ 全部扫描完后，再进行“纵坐标设置”，可根据“默认值”来调整图的高度，在这个实验中，“上限”输入“0.5”，“下限”输入“0”，然后打勾。另外，如果感觉图形不好，还可通过单击“纵横适应”的图表，再进行以上的“纵坐标设置”。

⑦ 如果想在图中标注出峰谷，则在“峰谷标注设置”中的“标注角度”输入“0”，“字体大小”输入“10”，“峰高下限”输入“0.1”，“标注峰点”打勾，最后单击“拾起”。

⑧ 在打印机里放好 A4 纸，单击“打印”。

2. 723N 型可见光光度计测定标准曲线

(1) 723N 型可见分光光度计的使用步骤

① 将比色皿架拉杆推至尽头。

② 开启电源，仪器自检至 546.0 nm、0.000 A，预热 15 min。

(2) 测定步骤

① 调测定波长：按“△”或“▽”调至 525 nm（不能再动此键）。

② 按“测试模式”键选 A。

③ 用吸量管量取高锰酸钾标准溶液 1.00 mL、2.00 mL、3.00 mL、4.00 mL、5.00 mL 分别置于对应的编号 A′、B′、C′、D′、E′的 50 mL 容量瓶中，加水稀释至刻度，摇匀。

④ 用 5 mL 移液管量取未知液于编号的 F′50 mL 容量瓶中，加蒸馏水稀释至刻度，摇匀。

⑤ 取一只比色皿，装入 2/3 的蒸馏水（不能有气泡），用吸水纸吸干比色皿外壁的水。另取三只比色皿分别装 2/3 编号 A′、B′、C′的容量瓶中的高锰酸钾标准溶液（装之前分别用对应的高锰酸钾溶液洗 2～3 次比色皿），用吸水纸吸干比色皿外壁的水。

⑥ 将上述四只装好溶液的比色皿插入比色皿架的孔中（装蒸馏水的比色皿放端头）。

⑦ 用装蒸馏水的比色皿对准光路。

⑧ 按"调满度"键至 0.000 A，记 $A_0=0.000$。

⑨ 推 A′标准溶液的比色皿对准光路，待数字稳定后记下 A_1。

⑩ 按步骤⑨测出 B′、C′标准溶液的吸光度 A_2、A_3。

⑪ 取出比色皿，再按上述步骤分别测出 D′、E′、F′标准溶液的吸光度 A_4、A_5、A_6。

⑫ 测量完毕后，把所有的玻璃仪器包括比色皿用蒸馏水洗 3～4 次。

根据所测数据，以吸光度 A 为纵坐标，所取高锰酸钾标准溶液体积为横坐标绘制标准曲线。由所测的吸光度数据，从标准曲线求未知液 F′中锰的含量（$mg \cdot L^{-1}$）。

五、思考题

1. 吸收曲线说明物质对光具有什么作用？为什么要测吸收曲线？
2. 为什么要绘制标准曲线？
3. 以水（或空白溶液）作参比（或者叫调"100"）的作用是什么？

实验十二　离子选择性电极法测定水中氟含量

一、实验目的

1. 掌握离子选择性电极法测定离子含量的原理和方法。
2. 掌握标准曲线法和标准加入法测定水中微量氟的方法。
3. 了解使用总离子强度调节缓冲溶液的意义和作用。
4. 熟悉氟电极和饱和甘汞电极的结构和使用方法。
5. 掌握 SX3808 型精密离子计的使用方法。

二、实验原理

饮用水中氟含量的高低对人体健康有一定影响，氟的含量太低易得龋齿，过高则会发生氟中毒现象。因此，监测饮用水中氟离子含量至关重要。氟离子选择性电极法已被确定为测定饮用水中氟含量的标准方法。

离子选择性电极是一种电化学传感器，它可将溶液中特定离子的活度转换成相应的电位信号。氟离子选择性电极的敏感膜为 LaF_3 单晶膜（电极管内装有 0.1 mol·L^{-1}NaCl-NaF 组成的内参比溶液，以 Ag-AgCl 作内参比电极）。当氟离子选择电极（指示电极）和甘汞电极（参比电极）插入被测溶液中组成工作电池时，电池的电动势 E 在一定条件下与 F^- 活度的对数值呈线性关系：

$$E=K-S\lg a_{F^-}$$

式中，K 值在一定条件下为常数；S 为电极线性响应斜率（25℃时为 0.059 V）。当溶液的总离子强度不变时，离子的活度系数为一定值，工作电池电动势与 F^- 浓度的对数呈线性关系：

$$E=K'-S\lg c_{F^-}$$

为了测定的 F^- 浓度，常在标准溶液与试样溶液中同时加入相等的足够量的惰性电解质以固定各溶液的总离子强度。

试液的 pH 对氟电极的电位响应有影响。在酸性溶液中，H^+ 与部分 F^- 形成 HF 或 HF_2^- 等在氟电极上不响应的形式，从而降低了 F^- 的浓度。在碱性溶液中，OH^- 在氟电极上与 F^- 产生竞争性响应，此外 OH^- 也能与 LaF_3 晶体膜产生反应：

$$LaF_3+3OH^-=\!=\!=La(OH)_3+3F^-$$

干扰电位响应使测定结果偏高。因此测定需要在 pH＝5～6 的溶液中进行，常用缓冲溶液 HAc-NaAc 来调节。

氟电极的优点是对 F^- 响应的线性范围宽（1～10^{-6} mol·L^{-1}），响应快，选择性好。但能与 F^- 生成稳定络合物的阳离子如 Al^{3+}、Fe^{3+} 等以及能与 La^{3+} 形成络合物的阴离子会干扰测定，通常可用柠檬酸钠、EDTA、磺基水杨酸或磷酸盐等加以掩蔽。

使用氟电极测定溶液中氟离子浓度时，通常是将控制溶液酸度、离子强度的试剂和掩蔽剂结合起来考虑，即使用总离子强度调节缓冲溶液（TISAB）来控制最佳测定条件。本实验所用 TISAB 的组成为 NaCl、HAc-NaAc 和柠檬酸钠。

三、实验仪器与试剂

1. 仪器：SX3808 型精密离子计，氟离子选择性电极，饱和甘汞电极（232 型），电磁搅拌器，磁搅拌子（C 型，2 cm），塑料烧杯（50 mL），吸量管（10.00 mL），量筒（10 mL），容量瓶（100 mL），塑料洗瓶，洗耳球（小号，大号）。

2. 试剂：100 mg·L^{-1} 氟标准溶液（准确称取于 120℃ 干燥 2h 并冷却的分析纯 NaF 0.221 g 于烧杯中，加入少量水使之溶解并定量地转移至 1000 mL 容量瓶中，稀释定容，摇匀，贮存于塑料瓶中），总离子强度调节缓冲溶液（TISAB）[于 1000 mL 烧杯中加入 800 mL 蒸馏水，称取 80 g NaAc、58 g NaCl 及 12 g 柠檬酸钠（$Na_3C_6H_5O_9\cdot 2H_2O$）搅拌至溶解，再量取 10 mL 冰醋酸。用 1 mol·L^{-1} HAc 或者 NaOH 溶液调至溶液的 pH 为 5.0～5.5 冷却至室温，转入 1000 mL 容量瓶中，用去离子水稀释定容并摇匀]。

四、实验步骤

1. SX3808 型精密离子计的使用

① 按"—"键进入菜单。

② 按"∧""∨"键选"被测离子"，按"Q"键确认。

③ 按"∧""∨"键选"被测离子"为 F^-，按"Q"键确认。

④ 按"—"键退回到测量状态，此时按"Q"键可选择待测离子的浓度单位，一般选 mV。

⑤ 直接测定。

2. 标准曲线法测氟

（1）氟标准溶液系列的配制

准确移取 10.0 mg·L^{-1} 氟标准溶液 1.00 mL、4.00 mL、7.00 mL、10.00 mL、13.00 mL 分别放入 5 个 100 mL 容量瓶中，各加入 TISAB 10 mL，用蒸馏水稀释定容，摇匀，即得到浓度分别为 0.10 mg·L^{-1}、0.40 mg·L^{-1}、0.70 mg·L^{-1}、1.00 mg·L^{-1}、1.30 mg·L^{-1} 氟离子的标准溶液。

（2）标准曲线的绘制

将上述配好的标准溶液分别倒入 50 mL 小塑料烧杯中，将准备好的氟离子选择性电极和饱和甘汞电极浸入溶液中（用待测标准溶液洗电极与小烧杯 3～4 次，安装电极时，电极下端离杯底应有一定的距离，以防止转动的搅拌磁子碰击电极下端）。在电磁搅拌下，读取平衡电位值。以电位（mV）为纵坐标，氟离子浓度的负对数为横坐标绘制标准曲线。

（3）试样中氟含量的测定

吸取水样 50.00 mL 于 100 mL 容量瓶中，加入 10 mL TISAB，用蒸馏水稀释定容，摇匀。用上述方法测水样。在电磁搅拌下读取平衡电位，根据从工作曲线上查得氟含量并计算出水样的含氟量。

3. 标准加入法

① 准确吸取 50.00 mL 水样于 100 mL 容量瓶中，再准确加入 1.00 mL 100 mg·L^{-1} 氟标准溶液、10 mL TISAB，并用蒸馏水稀释定容，摇匀。

② 将氟离子选择性电极和甘汞电极插入盛有上述溶液的小塑料杯中，在电磁搅拌下测其平衡电位值 E_2，再根据 E_1 和 E_2 计算出原水样中的氟含量：

$$c_x=\frac{c_s V_s}{V_0}(10^{\frac{E_2-E_1}{S}}-1)^{-1}$$

五、思考题

1. 标准加入法为什么要加入比欲测组分浓度大很多的标准溶液？

2. 氟电极在使用前应该怎样处理？使用后应该怎样保存？

3. TISAB 溶液包含哪些组分？各组分的作用是什么？

4. 氟离子选择性电极测得的是 F^- 的浓度还是活度？如果要测定 F^- 的浓度，应该怎么办？

5. 测定 F^- 浓度时为什么要控制在 pH≈5？pH 过高或过低有什么影响？

实验十三　铁矿中铁的测定——电位分析法

一、实验目的

1. 掌握氧化还原反应电位滴定法的原理和方法。

2. 学习 MIA-6 型常规分析仪器的使用。

二、实验原理

试样用盐酸分解后，在浓、热盐酸溶液中用 $SnCl_2$ 将 Fe^{3+} 还原为 Fe^{2+}，过量的 $SnCl_2$ 用 $HgCl_2$ 氧化除去。用 $K_2Cr_2O_7$ 标准溶液滴定 Fe^{2+} 的反应式为：

$$Cr_2O_7^{2-}+6Fe^{2+}+14H^+ = 2Cr^{3+}+6Fe^{3+}+7H_2O$$

两个电对的氧化型和还原型都是离子，对于这类氧化还原滴定，可用惰性金属铂电极作指示电极，饱和甘汞电极作参比电极组成工作电池。在滴定过程中，指示电极的电位随滴定剂的加入而变化，在化学计量点附近产生电位突跃（0.64～1.07 V）。氧化还原指示剂二苯胺磺酸钠（$\varphi^\ominus=0.84V$）和邻苯氨基苯甲酸（$\varphi^\ominus=0.89V$）都可作此滴定反应指示剂。

三、实验仪器与试剂

1. 仪器：铂电极，甘汞电极，电磁搅拌器，量筒，MIA-6 型常规分析仪器工作站。

2. 试剂：重铬酸钾标准溶液，亚铁试液，硫-磷混合酸。

四、实验步骤

1. MIA-6 型常规分析仪器工作站的使用步骤

① 开电源。

② 双击“FJA-1 型常规分析仪器工作站”。

③ 单击“滴定测试”，发送体积输入“2”，单击“发送”，发送完后单击“退出”。

④ 单击“仪器初始化”，单击“是”，再单击“是”，单击“自动控制终点滴定法”，单击“取消”。

⑤ 输入“班级，姓名”单击“确定”。

⑥ 单击“单次”，单击“确定”。

⑦ 单击“mg · L^{-1}”，单击“确定”。

⑧ 最大终点数输入“1”，最大滴定体积输入“15”，分子量输入“55.85”，方法常数输入“6”，单击“设置”，单击“确定”。

⑨ 单击“▲”，输入样品名“Fe”，样品体积“5”，滴定剂浓度抄写试剂瓶上的浓度，初始添加体积输入“3”。

2.测定步骤

① 准确吸取亚铁溶液 5 mL 置于放有一根铁芯搅拌棒的 100 mL 烧坏中，加硫-磷混合酸 10 mL，蒸馏水约 30 mL。

② 将铂电极与甘汞电极用蒸馏水洗净，洗涤时，下面接废液杯，不要把水溅到仪器上。

③ 把待测试液的烧杯放到磁力搅拌器的中央，将调速开关打至最小，开启搅拌器电源，慢慢将调速开关调大，并稍稍移动小烧杯使铁芯搅拌棒在小烧杯中匀速转动，然后将铂电极与甘汞电极插入溶液中，单击“滴定”。

④ 待“滴定结束”后，单击“×”，单击“否”。关闭搅拌器电源，取出电极，用蒸馏水洗净电极（洗时，下面接废液杯），并把自己用的小烧杯中的溶液倒在废液收集桶中，用蒸馏水洗干净小烧杯和搅拌棒。将实验数据记在记录本上，填写实验报告。

五、思考题

1.为什么用氧化剂滴定亚铁离子要用铂电极作指示电极？

2.氧化介质为什么用磷-硫混合酸？

3.氧化介质是否可用盐酸？

实验十四　有机酸的测定——电位分析法

一、实验目的

1.掌握有机酸的测定原理和方法。

2.掌握 MIA-6 型常规分析仪器的使用。

二、实验原理

有机酸（RCOOH）一般为弱酸，当用氢氧化钠（或氢氧化钾）标准溶液滴定时，其反应为 NaOH＋RCOOH ══ RCOONa＋H_2O。

因为这是强碱滴定弱酸，故化学计量点时溶液的 pH 大于 7。如果氢氧化钠标准溶液和有机弱酸醋酸溶液的浓度均为 0.1 mol·L^{-1}，则滴定时溶液的 pH 突跃范围为碱性范围，通常选用酚酞或百里酚酞为指示剂确定终点，采用电位分析通过电位的突变来确定终点，所以其准确度要高。本实验采用玻璃电极为指示电极，甘汞电极为参比电极，组成工作电池。

三、实验仪器与试剂

1. 仪器：玻璃电极，甘汞电极，电磁搅拌器，MIA-6 型常规分析仪器工作站。

2. 试剂：氢氧化钠（或氢氧化钾）标准溶液，有机酸试液。

四、实验步骤

1. MIA-6 型常规分析仪器工作站的使用步骤

① 开启电源。

② 双击“FJA-1 型常规分析仪器工作站”。

③ 单击“滴定测试”，发送体积输入“1”，单击“发送”，发送完后单击“退出”。

④ 单击“仪器初始化”，单击“是”，再单击“是”，单击“自动控制终点滴定法”，单击“取消”。

⑤ 输入“班级，姓名”，单击“确定”。

⑥ 单击“单次”，单击“确定”。

⑦ 单击“mol·L^{-1}”，单击“确定”。

⑧ 最大终点数输入“1”，最大滴定体积输入“15”，分子量“待定”，方法常数输入“1”，单击“设置”，单击“确定”。

⑨ 单击“▲”，输入样品名“待定”，样品体积“待定”，滴定剂浓度抄试剂瓶上的浓度，初始添加体积输入“3”。

2. 测定步骤

① 准确吸取有机酸溶液 5 mL 置于放有一根铁芯搅拌棒的 100 mL 烧坏中，加蒸馏水约 40 mL。

② 将玻璃电极与甘汞电极用蒸馏水洗净，洗时，下面接废液杯，不要把水溅到仪器上。

③ 把待测试液的烧杯放到磁力搅拌器的中央，将调速开关打至最小，开启搅拌器电源，慢慢将调速开关调大，并稍稍移动小烧杯使铁芯搅拌棒在小烧杯中匀速转动，然后将玻璃电极与甘汞电极插入试液中，单击“滴定”。

④ 待“滴定结束”后，单击“×”，单击“否”。关闭搅拌器电源，取出电极，用蒸馏水洗净电极（洗时，下面接废液杯），并把自己用的小烧杯中的溶液倒在废液收集桶中，用蒸馏水洗干净小烧杯和搅拌棒。将实验数据记在记录本上，填写实验报告。

五、思考题

1. 为什么用电位分析法确定终点要比用指示剂确定终点准？

2. 能否用基准物质邻苯二甲酸氢钾直接测定有机酸的含量？

实验十五　有机碱的测定——电位分析法

一、实验目的

1. 掌握有机碱的测定原理和方法。

2. 掌握 MIA-6 型常规分析仪器的使用。

二、实验原理

氨基（—NH_2）是含氮元素的碱性官能团，为常见的有机碱，氨基的定量测定参见本章实验四。

本实验采用电位分析通过观察电位的突变来确定终点，所以其准确度要高。实验过程中采用玻璃电极为指示电极，甘汞电极为参比电极，组成工作电池。

三、实验仪器与试剂

1. 仪器：玻璃电极，甘汞电极，电磁搅拌器，MIA-6 型常规分析仪器工作站。

2. 试剂：盐酸标准溶液，有机碱试液。

四、实验步骤

1. MIA-6 型常规分析仪器工作站的使用步骤

使用步骤参见本章实验十四“有机酸的测定——电位分析法”。

2. 测定步骤

① 准确吸取有机碱试液 5 mL 置于放有一根铁芯搅拌棒的 100 mL 烧坏中，加蒸馏水约 40 mL。

② 将玻璃电极与甘汞电极用蒸馏水洗净，下面接废液杯，不要把水溅到仪器上。

③ 把待测试液的烧杯放到磁力搅拌器的中央，将调速开关打至最小，开启搅拌器电源，慢慢将调速开关调大，并稍稍移动小烧杯使铁芯搅拌棒在小烧杯中匀速转动，然后将玻璃电极与甘汞电极插入溶液中，单击“滴定”。

④ 待“滴定结束”后，单击“×”，单击“否”。关闭搅拌器电源，取出电极，用蒸馏水洗净电极（洗时，下面接废液杯），并把自己用的小烧杯中的溶液倒在废液收集桶中，用蒸馏水洗干净小烧杯和搅拌棒。将实验数据记在记录本上，填写实验报告。

五、思考题

1. 为什么极弱的碱可以用乙二醇或异丙醇作溶剂进行测定？

2. 能否用基准物质碳酸钠直接测定有机碱的含量？

实验十六　硫酸铜的提纯

一、实验目的

1. 学习以废铜和工业硫酸为主要原料制备 $CuSO_4 \cdot 5H_2O$ 的原理和方法。

2. 掌握并巩固无机盐制备过程中灼烧、水浴加热、减压过滤、结晶等基本操作。

3. 巩固托盘天平的使用方法。

二、实验原理

$CuSO_4 \cdot 5H_2O$ 俗称蓝矾、胆矾，是蓝色透明三斜晶体。在空气中缓慢风化。易溶于水，难溶于无水乙醇。加热时易失去结晶水，当加热至 258℃时失去全部结晶水而成为白色无水 $CuSO_4$。无水 $CuSO_4$ 易吸水变蓝，可利用此特性来检验某些液态有机物中微量的水。

$CuSO_4 \cdot 5H_2O$ 用途广泛，如用于棉及丝织品印染的媒染剂、农业杀虫剂、水的杀菌剂、木材防腐剂、铜的电镀等；同时，还大量用于有色金属选矿（浮选）工业、船舶油漆工业及其他化工原料的制造。

$CuSO_4 \cdot 5H_2O$ 的生产方法有多种，如电解液法、废铜法、氧化铜法、白冰铜法、二氧化硫法。工业上常用电解液法，即将电解液与铜粉作用后，经冷却结晶分离，再干燥而制得。本实验以废铜和工业硫酸为主要原料制备 $CuSO_4 \cdot 5H_2O$，先将铜粉灼烧成氧化铜，然后再将氧化铜溶于适当浓度的硫酸中。相关反应如下：

$$2Cu + O_2 \xrightarrow{\text{灼烧}} 2CuO(\text{黑色})$$

$$CuO + H_2SO_4 \longrightarrow CuSO_4 + H_2O$$

由于废铜及工业硫酸不纯，制得的溶液中除生成硫酸铜外，还含有其他一些可溶性或不溶性的杂质。不溶性杂质在过滤时可除去；对于可溶性杂质 Fe^{2+} 和 Fe^{3+}，一般需用氧化剂（如 H_2O_2）将 Fe^{2+} 氧化为 Fe^{3+}，然后调节 pH，并控制至 pH 为 3（注意不要使溶液的 $pH>4$，若 pH 过大，会析出碱式硫酸铜的沉淀，影响产品的质量和产量），再加热煮沸，使 Fe^{3+} 水解成为 $Fe(OH)_3$ 沉淀而除去。反应如下：

$$2Fe^{2+} + 2H^+ + H_2O_2 \longrightarrow 2Fe^{3+} + 2H_2O$$

$$Fe^{3+} + 3H_2O \xrightarrow[\triangle]{pH=3} Fe(OH)_3 \downarrow + 3H^+$$

将除去杂质的 $CuSO_4$ 溶液进行蒸发，冷却结晶，减压过滤后得到蓝色 $CuSO_4 \cdot 5H_2O$。

三、实验仪器与试剂

1. 仪器：托盘天平，煤气灯，瓷坩埚，泥三角，铁架台，布氏漏斗，吸滤瓶，烧杯，点滴板，玻璃棒，量筒，蒸发皿，滤纸，剪刀。

2. 试剂：Cu 粉，H_2SO_4（3 $mol \cdot L^{-1}$），H_2O_2（3%），$K_3[Fe(CN)_6]$（0.1 $mol \cdot L^{-1}$），$CuCO_3$，pH 试纸。

四、实验步骤

1. 氧化铜的制备

把洗净的瓷坩埚经充分灼烧干燥并冷却后，在托盘天平上称取 3.0 g 废 Cu 粉放入其内。将坩埚置于泥三角上，用煤气灯氧化焰小火微热，使坩埚均匀受热。待 Cu 粉干燥后，加大火焰用高温灼烧，并不断搅拌，搅拌时必须用坩埚钳夹住坩埚，以免打翻坩埚或使坩埚从泥三角上掉落。灼烧至 Cu 粉完全转化为黑色 CuO（约 20 min），停止加热并冷却至室温。

2. 粗 $CuSO_4$ 溶液的制备

将冷却后的 CuO 倒入 100 mL 小烧杯中，加入 18 mL 3 $mol \cdot L^{-1}$ H_2SO_4（工业纯），微热使之溶解。

3. $CuSO_4$ 溶液的精制

在粗 $CuSO_4$ 溶液中，滴加 2 mL 3%H_2O_2，将溶液加热，检验溶液中是否还存在 Fe^{2+}（如何检验?）。当 Fe^{2+} 完全氧化后，慢慢加入 $CuCO_3$ 粉末，同时不断搅拌直到溶液 pH=3，在此过程中，要不断地用 pH 试纸测试溶液的 pH，控制溶液 pH=3，再加热至沸（为什么?），趁热减压过滤，将滤液转移至洁净的烧杯中。

4. $CuSO_4 \cdot 5H_2O$ 晶体的制备

在精制后的 $CuSO_4$ 溶液中，滴加 3 $mol \cdot L^{-1}$ H_2SO_4 酸化，调节溶液至 pH=1 后，转移至洁净的蒸发皿中，水浴加热蒸发至液面出现晶膜时停止。在室温下冷却至晶体析出。然后减压过滤，晶体用滤纸吸干后，称重。计算产率。

五、思考题

1. 在粗 $CuSO_4$ 溶液中，杂质 Fe^{2+} 为什么要氧化为 Fe^{3+} 后再除去？为什么要调节溶液的 pH=3？pH 太大或太小有何影响？

2. 为什么要在精制后的 $CuSO_4$ 溶液中调节 pH=1 使溶液呈强酸性？

3. 蒸发、结晶制备 $CuSO_4 \cdot 5H_2O$ 时，为什么刚出现晶膜即停止加热而不能将溶液蒸干？

4. 如何清洗坩埚中的残余物 Cu 和 CuO 等？

5. 固液分离有哪些方法？根据什么情况选择固液分离的方法？

实验十七　淀粉胶黏剂的制备

一、实验目的

1. 掌握载体淀粉胶黏剂的制备工艺。

2. 了解淀粉胶黏剂的黏度对生产瓦楞纸板质量的影响。

二、实验原理

在不加热的情况下，利用淀粉水溶液在 NaOH 介质中生成醇钠化合物和碱型分子化合物的性质，使淀粉在 NaOH 溶液中充分糊化（即得载体胶黏剂）。硼砂交联剂能与淀粉的羟基和纸纤维的羟基产生化学键力，提高胶黏剂的黏度和瓦楞纸板的黏结强度。

三、实验仪器与试剂

1. 仪器：电子天平（500 g，精确至 0.1 g），涂 4 黏度计，JBV-Ⅲ变频调速搅拌器，秒表，塑料烧杯（800 mL），量杯（500 mL、100 mL），烧杯（250 mL、100 mL），大玻璃棒，圆形塑料饭盒，裁纸刀，丁字尺，单瓦楞纸，面纸，电热板，手握直接感应温度计。

2. 试剂：淀粉，硼砂，NaOH。

四、实验步骤

总用量：100 g 淀粉、430～450 mL（视淀粉品质）自来水（先用 500 mL 量杯量取总水量，再分别用 100 mL 量筒量取其他用水）、3 g NaOH 固体、2 g 硼砂。

1. 载体胶的制备

① 在 250 mL 烧杯中加 100 mL 水，在搅拌下加入 15 g 淀粉，继续搅拌 10 min（使其充分润胀），即得淀粉液。

② 用小烧杯称取 3 g NaOH，加 50 mL 自来水搅拌溶解。

③ 将 NaOH 溶液慢慢加入淀粉液中，边加边搅拌至淀粉液完全糊化（已成胶）。静置 20 min。

2. 主体淀粉液的配制

用电子天平称取 2 g 硼砂，倒入 800 mL 烧杯中，然后加 230 mL 水，用搅拌器进行搅拌至硼砂全部溶解后，再加 85 g 淀粉继续搅拌 10 min。

3. 载体淀粉胶黏剂的配制

在搅拌下将载体胶慢慢加到主体淀粉液中，加完后用剩余水分两次洗载体杯并全部转移到主体杯中，继续搅拌 20 min，即得载体淀粉胶黏剂。

4.测黏度（用涂 4 杯）

黏度在 30～50 s。

5.制备瓦楞纸

裁边长 8 cm 左右的正方形单瓦楞纸及面纸，用玻璃棒上胶到单瓦楞纸上，放一张面纸在电热板（温度在 170℃左右）上，把已上好淀粉胶的单瓦楞纸放在其上进行胶黏。

五、思考题

1.在不加热的情况下，NaOH 为什么会使淀粉糊化？

2.硼砂为什么会使淀粉胶黏剂的黏度增加？

3.淀粉胶黏剂的制备中哪一步最关键？

实验十八　比色法测定水果（或蔬菜）中维生素 C 的含量

一、实验目的

1.了解比色法测定维生素 C 的原理。

2.学会从植物样品中制取试液的一般方法。

3.掌握分光光度计的使用操作。

二、实验原理

维生素 C 又名抗坏血酸，化学名称为 3-氧代-L-古洛糖酸呋喃内酯，分子式为 $C_6H_8O_6$，是一种对机体具有营养、调节和医疗作用的生命物质。纯净的维生素 C 为白色或淡黄色结晶或结晶粉末，无臭、味酸，还原性强，在空气中极易被氧化，尤其在碱性介质中反应更甚。其氧化产物脱氢抗坏血酸仍保留维生素 C 的生物活性。在动物组织内，脱氢抗坏血酸可被谷胱甘肽等还原物质还原为抗坏血酸。

```
 ┌──────O────┐      H   OH                     ┌──────O────┐      H   OH
 │           │      │   │        -2H           │           │      │   │
 C ─ C ═ C ─ C ─ C ─ C ─ H     ⇌        C ─ C ─ C ─ C ─ C ─ C ─ H
 ‖   │   │   │   │   │          +2H          ‖   ‖   ‖   │   │   │
 O   OH  OH  H   OH  H                       O   O   O   H   OH  H
          I                                           II
       抗坏血酸                                   脱氢抗坏血酸
```

当系统 pH ＞ 5 时，脱氢抗坏血酸的分子结构重排使其环开裂，生成二酮古洛糖酸：

```
           ┌────O──┐   H   OH                    OH          OH  H   OH
           │       │   |   |        pH > 5       |           |   |   |
           C──C──C──C──C──C──H   ─────────→      C──C──C──C──C──C──H
           ‖  ‖  ‖  |  |  |                      ‖  ‖  ‖  |  |  |
           O  O  O  H  OH H                      O  O  O  H  OH H
                  Ⅱ                                      Ⅲ
              脱氢抗坏血酸                             二酮古洛糖酸
```

Ⅰ、Ⅱ、Ⅲ合称为总维生素 C。Ⅱ、Ⅲ均能与 2,4-二硝基苯肼作用生成红色物质脎，这种红色物质能溶解于硫酸，其生成量与Ⅱ、Ⅲ的量成正比。因此，只要将样品中的Ⅰ氧化，并与 2,4-二硝基苯肼作用，将反应生成的红色物质用硫酸溶解，再与同样处理的维生素 C 标准溶液比色，即可求出样品中维生素 C 的含量。

三、实验仪器与试剂

1. 仪器：723N 型可见分光光度计，研钵，漏斗，烧杯（100 mL），移液管（20 mL），容量瓶（50 mL），锥形瓶（50 mL），容量瓶（10 mL），刻度吸管（5 mL）。

2. 试剂：新鲜白梨，1%草酸，25% H_2SO_4，2% 2,4-二硝基苯肼，85% H_2SO_4，10%硫脲（50 g 硫脲溶于 500 mL 1%草酸中），1 $mg \cdot mL^{-1}$ 抗坏血酸标准溶液（将 100 mg 纯维生素 C 溶于 100 mL 1%草酸中），活性炭（100 g 活性炭加 750 mL 1 $mg \cdot L^{-1}$ HCl，加热 1 h，过滤，用蒸馏水洗涤数次至滤液无 Fe^{3+} 为止，置于 110℃烘箱中烘干）。

四、实验步骤

1. 提取维生素 C 试样

称量新鲜去皮白梨（或绿豆芽）2 g 于研钵中，加 10 mL 1%草酸，研磨 5～10 min，将提取液收集于 100 mL 烧杯中，重复提取 3 次，然后转移到 50 mL 容量瓶中，加 1%草酸调至刻度，摇匀待用。用 20 mL 移液管从上述 50 mL 容量瓶中量取提取液于干燥锥形瓶中，加入 1 g 活性炭，充分振摇约 1 min 后过滤到锥形瓶中（漏斗、滤纸及接收滤液的锥形瓶都必须是干燥的）。

2. 配制维生素 C 标准溶液

取 20 mL 1 $mg \cdot mL^{-1}$ 维生素 C 溶液置于干燥锥形瓶中，加入 1 g 活性炭振荡约 1 min 后过滤（方法同前），即得。

3. 显色

① 空白溶液的配制：在 10 mL 容量瓶中加入 1%草酸 2.5 mL、10%硫脲 1 滴、2% 2,4-二硝基苯肼 1 mL。

② 标准溶液的配制：在 10 mL 容量瓶中加入维生素 C 标准溶液的滤液 2.5 mL、10%硫脲 1 滴、2% 2,4-二硝基苯肼 1 mL。

③ 样品溶液的配制：在 10 mL 容量瓶中加入样品的滤液 2.5 mL、10%硫脲 1 滴、2% 2,4-二硝基苯肼 1 mL。

上述三种溶液分别混匀（不能倒转），置于沸水中（容量瓶开盖）加热约 10 min 后，取出冷却至室温。然后分别将三个 10 mL 容量瓶置于冰水浴中，缓慢滴加 85% H_2SO_4 3.0 mL（边滴加边摇动，防止炭化），冷至室温，置于冰水浴中用 1% 草酸调至刻度，充分混匀静置 10 min 后测量吸光度。

4. 测量吸光度

用 723N 型可见分光光度计，选取 500 nm 波长，用空白液调 $A=0$，分别测标准液和样品液的吸光度。

5. 计算

100 g 样品中维生素 C 总含量（mg）：

$$m=\frac{A_c}{A_0}\times 0.01\times 2.5\times\frac{50}{2.5}\times\frac{100}{2}$$

五、思考题

1. 样品处理和维生素 C 标准溶液中加入的 1% 草酸起什么作用？

2. 为什么要用活性炭脱色？

3. 本实验中有哪些因素会导致测定误差？

实验十九　硫酸亚铁铵的制备

一、实验目的

1. 了解制备复盐的一种方法。

2. 练习无机盐制备中溶解、蒸发、结晶、过滤等基本操作技术。

3. 初步练习目测比色半定量分析方法。

二、实验原理

1. 硫酸亚铁铵的制备

硫酸亚铁铵俗称摩尔盐，为浅绿色单斜晶体。在空气中比一般的亚铁盐稳定，不易被氧化，因此在分析化学中有时被用作氧化还原滴定法的基准物。根据 $(NH_4)_2SO_4$、$FeSO_4$ 和硫酸亚铁铵在水中的溶解度数据可知，硫酸亚铁铵溶解度较小，所以很容易从浓的 $FeSO_4$ 和 $(NH_4)_2SO_4$ 混合液中制得结晶的摩尔盐 $FeSO_4\cdot(NH_4)_2SO_4\cdot 6H_2O$。

本实验用金属铁与稀硫酸反应，得到硫酸亚铁溶液。反应式如下：

$$Fe+H_2SO_4 = FeSO_4+H_2\uparrow$$

然后加入与硫酸亚铁等物质的量的硫酸铵，制成混合溶液。通过加热浓缩，冷却到室温，便可以得到以上两种盐等物质的量作用生成的、溶解度较小的硫酸亚铁铵复盐晶体：

$$FeSO_4 + (NH_4)_2SO_4 + 6H_2O \longrightarrow FeSO_4 \cdot (NH_4)_2SO_4 \cdot 6H_2O$$

2. 目测比色法测定 Fe^{3+} 的含量

用目测比色法可半定量地判断产品中所含杂质的量。本实验根据 Fe^{3+} 能与 KSCN 生成血红色的配合物测定 Fe^{3+} 的含量：

$$Fe^{3+} + nSCN^- \longrightarrow [Fe(SCN)_n]^{(3-n)} \qquad (n=1，2，\cdots，6)$$

Fe^{3+} 越多，血红色越深。因此，称取一定量制备的 $FeSO_4 \cdot (NH_4)_2SO_4 \cdot 6H_2O$ 晶体，在比色管中与 KSCN 溶液反应，制成待测溶液。将它所呈现的红色与所配制的含一定量 Fe^{3+} 标准溶液的红色进行比较，以确定产品的等级。

三、实验仪器与试剂

1. 仪器：托盘天平（公用），酒精灯，铁架台及铁圈，石棉网，蒸发皿，烧杯，漏斗，量筒，容量瓶，表面皿，滤纸，比色管（25 mL）及比色管架，布氏漏斗及吸滤瓶。

2. 试剂：pH 试纸，HCl（2 $mol \cdot L^{-1}$），H_2SO_4（3 $mol \cdot L^{-1}$），Na_2CO_3（10%），KSCN（1 $mol \cdot L^{-1}$），Fe^{3+} 的标准溶液，铁屑，硫酸铵（固体），乙醇。

四、实验步骤

1. 硫酸亚铁铵的制备

方案自拟。

2. 产品检验

（1）Fe^{3+} 标准溶液的配制（由实验室提供）

称取 0.2159 g $NH_4Fe(SO_4)_2 \cdot 12H_2O$ 溶于少量的去离子水中，加入 4 mL 3 $mol \cdot L^{-1}$ H_2SO_4，定量转移到 250 mL 容量瓶中，稀释至刻度。此溶液为 0.1000 $g \cdot L^{-1}$ Fe^{3+} 标准溶液。

（2）标准色阶的配制（由实验室提供）

分别取 0.1000 $g \cdot L^{-1}$ Fe^{3+} 标准溶液 0.50 mL、1.00 mL、2.00 mL 于 25 mL 比色管中，加入 2 mL 2 $mol \cdot L^{-1}$ HCl 和 1 mL 1 $mol \cdot L^{-1}$ KCSN 溶液，用去离子水稀释至刻度，摇匀，即配制成：含 Fe^{3+} 0.002 $mg \cdot mL^{-1}$（符合一级试剂）、含 Fe^{3+} 0.004 $mg \cdot mL^{-1}$（符合二级试剂）、含 Fe^{3+} 0.008 $mg \cdot mL^{-1}$（符合三级试剂）系列标准色阶。

（3）产品级别的确定

称取 1.0 g 产品于 25 mL 比色管中，用 15 mL 不含氧去离子水（煮沸）溶解，再加入 2 mL 2 $mol \cdot L^{-1}$ HCl 和 1 mL 1 $mol \cdot L^{-1}$ KCSN 溶液，用不含氧去离子水稀释至刻度，摇匀，然后与标准色阶进行目测比色，确定产品的级别。

五、思考题

1. 为什么制备硫酸亚铁时，体系必须保持酸性？实验中是怎样保证溶液的酸性的？

2. 在蒸发硫酸亚铁铵时，为什么有时溶液会发黄？此时应怎样处理？

3. 在检验产品中含 Fe^{3+} 时，为什么要用不含氧的去离子水？如何制备不含氧的去离子水？

4. 减压过滤和目测比色操作应注意什么？

5. 为保证产品的产量和质量，在实验中应注意哪些问题？

6. 怎样确定硫酸铵的用量？

7. 理论产量怎样计算？

8. 抽滤得到硫酸亚铁铵晶体后，如何除去晶体表面上附着的水分？

实验二十　粗食盐的提纯

一、实验目的

1. 掌握化学法提纯粗食盐的原理和方法。

2. 学习分离提纯的方法，熟练有关基本操作。

3. 了解中间控制检验概念。

二、实验原理

1. 粗食盐的提纯

食盐的化学名称为氯化钠，是一种常见的化工原料、试剂和食品用品，易溶于水。天然的食盐矿及海水晒制的粗食盐常含有 K^+、Ca^{2+}、Mg^{2+}、Fe^{3+}、SO_4^{2-}、CO_3^{2-} 等可溶性杂质和泥沙等不溶性杂质，使用前必须提纯。

不溶性杂质可通过溶解、过滤除去，可溶性杂质可加入适当的化学试剂，使其反应生成难溶于水的物质而除去。首先向粗食盐溶液中加入稍微过量的 $BaCl_2$ 溶液，将 SO_4^{2-} 转化为难溶的 $BaSO_4$，过滤可除去 SO_4^{2-}，然后再加入 NaOH 和 Na_2CO_3 溶液，可将 Ca^{2+}、Mg^{2+}、Fe^{3+}、Ba^{2+} 转化为难溶的 $CaCO_3$、$BaCO_3$、$Mg(OH)_2$、$MgCO_3$、$Fe(OH)_3$，经过滤除去，最后用稀溶液调节食盐溶液的 pH 至 2～3，除去溶液中 OH^- 和 CO_3^{2-}。K^+ 含量较小，溶解度比较大，浓缩时不要蒸干，可将其留在母液中除去。

2. 中间控制检验

在提纯过程中，为检验某杂质是否除尽，常取少量清液于试管中（或对一时难以分离的试样可取少量溶液，离心分离后），缓慢地滴加适当的试剂来进行检查，这种方法称为中间控制检验。这种方法在生产实践中同样适用。本实验中检查 SO_4^{2-} 是否完全除去，可向上层澄清溶液加几滴 3 mol·L^{-1} HCl 和 1 mol·L^{-1} $BaCl_2$ 溶液，若溶液变浑浊，则表示溶液中

还有 SO_4^{2-}，需继续加入 $BaCl_2$ 溶液；若溶液不发生变化，则表示溶液中 SO_4^{2-} 已被除尽，可转入下一步操作。用相同方法检查其他离子是否被完全除去。

三、实验仪器与试剂

1. 仪器：托盘天平（公用），铁架台及铁圈，布氏漏斗及吸滤瓶，烧杯，量筒，表面皿，蒸发皿，漏斗，试管及试管架。

2. 试剂：$BaCl_2$（$1.0\ mol \cdot L^{-1}$），HCl（$2.0\ mol \cdot L^{-1}$），NaOH（$2.0\ mol \cdot L^{-1}$），Na_2CO_3（$1.0\ mol \cdot L^{-1}$），$(NH_4)_2C_2O_4$（饱和），镁试剂，酒精，精盐，粗食盐。

四、实验步骤

1. 粗食盐的提纯

方案自拟。

2. 产品纯度的检验

称取粗食盐和精盐各 0.5 g 放入试管内，分别溶于 5 mL 去离子水中，然后各分三等份，盛在六支试管中，分成三组，用对比法比较它们的纯度。

① SO_4^{2-} 的检验：向第一组试管中各滴加 2 滴 $1\ mol \cdot L^{-1}$ $BaCl_2$ 溶液，观察现象。

② Ca^{2+} 的检验：向第二组试管中各滴加 2 滴饱和 $(NH_4)_2C_2O_4$ 溶液，观察现象。

③ Mg^{2+} 的检验：向第三组试管中各滴加 2 滴 $2\ mol \cdot L^{-1}$ 的 NaOH 溶液，再加入 1 滴镁试剂，观察有无蓝色沉淀生成。

五、思考题

1. 本实验经过两次过滤，能否把两次过滤合并在一起一次完成？为什么？

2. 制得的产品为何不用水洗，而用 65% 乙醇洗涤？

3. 在浓缩氯化钠溶液时应注意哪些问题？

有机化学实验

实验一　熔点的测定

一、实验目的

1. 了解熔点测定的意义。

2. 掌握一种测定熔点的方法——显微熔点仪测定熔点的操作。

二、实验原理

通常当晶体物质加热到一定的温度时，即从固态转变为液态，此时的温度可视为该物质的熔点。然而，熔点的严格定义应为：固液两相在大气压力下平衡时的温度。纯粹的固体有机化合物一般都有固定的熔点，即在一定压力下，固液两态之间的变化是非常敏锐的，自初熔至全熔（熔点范围称为熔程）的温度不超过 0.5～1℃。若该物质含有杂质，则其熔点往往较纯物质低，且熔程也较长。这对于鉴定纯粹的固体有机化合物来讲具有很大价值，同时根据熔程长短又可定性判断该化合物的纯度。

三、实验仪器与试剂

1. 仪器：SGWX-5 显微熔点测定仪（如图 3-1 和图 3-2 所示）。

2. 试剂：尿素，未知物。

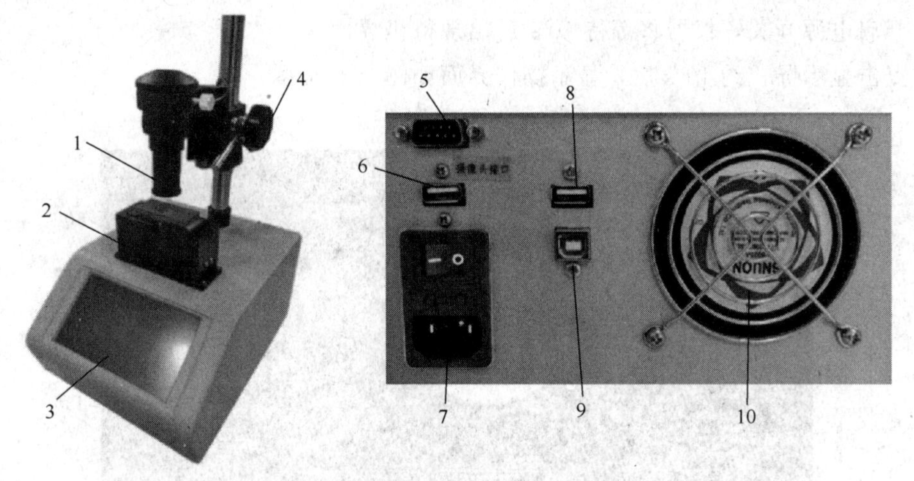

图 3-1　SGWX-5 显微熔点测定仪

1—显微物镜；2—加热台；3—液晶彩色显示屏；4—显微物镜调节旋钮；5—RS232 微型打印机接口；6—显微摄像头接口；7—电源插座及开关；8—U 盘接口、LED 辅助灯插座；9—上位 PC 机 USB 接口；10—降温风机

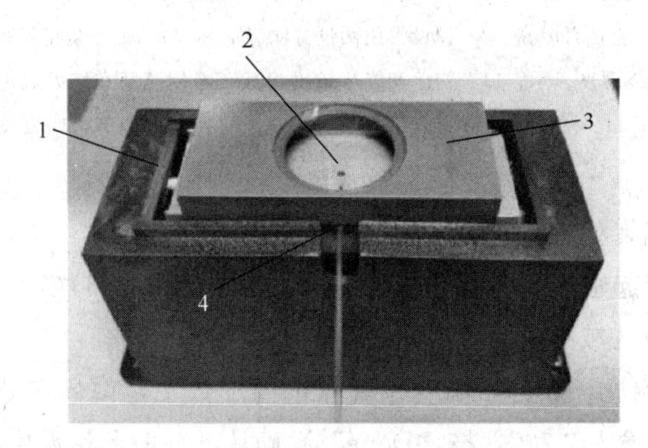

图 3-2　加热台

1—载玻片插入口；2—观察孔；3—保温防风罩；4—毛细管插入口

四、实验步骤

1. 使用前准备

① 请确认仪器是在正常的温度和湿度下工作，且没有明显的空气流动（风扇、空调等设备的吹拂）。

② 调整光源位置，使视场亮度适中，并使观察孔居中。

③ 测量毛细管样品时，可使用外接 LED 辅助灯来增强观测亮度。

④ 测量载玻片样品时，可以通过降低外界亮度来保证视场中观察孔的亮度。

⑤ 插入毛细管或载玻片，盖上保温防风罩，缓慢调焦使彩色液晶屏上显示的待测样品清晰。

2. 开机

① 开启电源开关，仪器将等待 10 s 后出现待机界面。

② 点击显示屏，约 10 s 后，显示操作界面如图 3-3 所示。

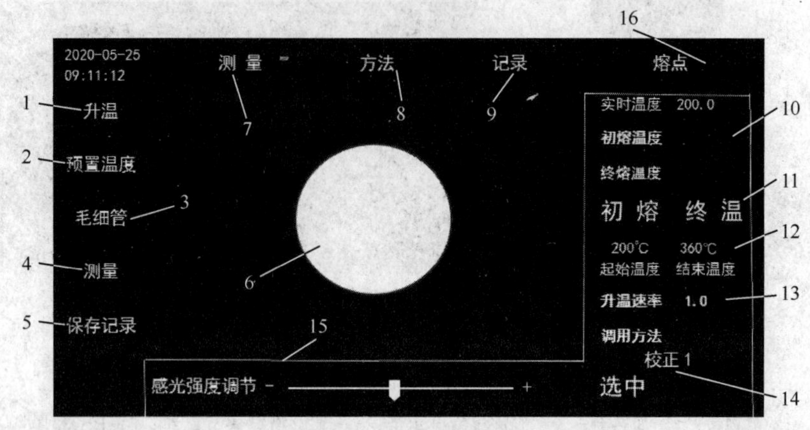

图 3-3 操作界面图

1—升温按键，仅在达到起始温度时亮起；2—预置温度启动；3—测量方法选择，可选毛细管和热台方式；4—测量模式选择：选择测量模式或校正模式；5—保存本次测量数据，仅在测量完成后亮起；6—样品测量观察孔；7—测量功能界面标签；8—预设常用测量方法界面标签；9—测量记录操作界面标签；10—实时温度、初熔温度、终熔温度显示；11—初熔和终熔按键；12—起始温度和结束温度显示及设置；13—升温速率选择，8 挡可选；14—调用预设常用测量方法；15—观察孔亮度调节，10 挡亮度；16—初熔、终熔测量截图查询，恢复出厂设置

3. 预置温度，升温，处理测量结果

① 显示屏右侧显示起始值，默认起始温度 50℃，结束温度 360℃，升温速率 1℃ · min^{-1}，可点击屏幕上对应参数区域更改。

② 如要更改起始温度，在起始温度位置点击温度数字，按数字键输入起始温度（不含小数点），比如 70℃就输入“70”，按“Done”键确认，此时起始温度就变为 70℃。

③ 起始温度通常设为低于样品终熔温度 5～10℃。熔点仪默认最大预置温度为 360℃，若设得过大，则强制降到 360℃。

④ 变更起始温度后，必须确认结束温度是否需要更改，若结束温度低于或等于起始温度，将会导致无法完成预置或升温操作。

⑤ 建议将结束温度设置为大于起始温度 15℃。例如，起始温度为 70℃，则结束温度为 85℃（开机后默认结束温度为 360℃）。

⑥ 根据测量方式的不同，可按“毛细管”或“热台法”键，选择毛细管或热台法测量方式。

a. 毛细管测量方式：将装有测量样品的毛细管插入加热台中央的测量孔内，调整显微镜物镜旋钮，使毛细管样本清晰显示。可使用外置的 LED 辅助灯，提高观测亮度（注意：LED 辅助灯仅为亮度辅助，用后请及时拔出）。毛细管样品装填高度的 3～5 mm。

b. 载玻片热台法测量方式：将微量样品放于载玻片上，并使样品大致放在载玻片距右侧边约 20 mm 的位置，然后盖上盖玻片，并小心地从加热台的左侧塞入。观察液晶屏的显示窗，并用手纵横移动载玻片，使样品覆盖中央观察孔至少 3/4 面积。再调整显微镜物镜旋钮，使载玻片样本清晰显示。

⑦ 按实际操作样品，设置起始温度、结束温度、测量方式后，盖上保温防风罩，按“预置温度”键，仪器开始加热快速升温，此时显示屏上的“升温”键不可见。

⑧ 当炉温升至起始温度±0.2℃范围内，且稳定 30 s，显示屏上会自动显示“升温”键。此时，可根据实际测量需求，选择相应的升温速率。仪器有 0.2℃ · min^{-1}、0.5℃ · min^{-1}、1.0℃ · min^{-1}、1.5℃ · min^{-1}、2.0℃ · min^{-1}、3.0℃ · min^{-1}、4.0℃ · min^{-1}、5.0℃ · min^{-1} 共 8 挡升温速率可供选择。

⑨ 若使用较冷的载玻片，此时炉温将会下降，“升温”键消失。请等待炉温自动回升，“升温”键则会再次亮起。

⑩ 待测样品放置妥当，且起始温度稳定，“升温”键显示后，按下“升温”键，仪器开始根据设定的升温速率稳定上升。

⑪ 观察显示屏中的样品状态视频图像，当察觉到样品的加热熔化过程或其他热效应时，按下“初熔”键，显示屏显示初熔温度；当察觉到样品已彻底熔化或其他符合需要的最终测量热效应时，按下“终熔”键，显示屏显示终熔温度，并自动降温返回起始温度，本次测量结束。

⑫ 按下“终熔”键后，显示屏左下角“保存记录”键将会显示。若对本次测量的结果确认无误，可按此键将本次测量结果保存在仪器内。反之，若觉得本次测量结果有偏差，则无需按键保存，可直接开始下一次的测量。

⑬ 记录保存后，即可进行记录打印和记录上传，若有连接微型打印机且需要打印本次测量记录，或者需要将本次测量结果发送到上位机，可按“记录”标签，按“发送当前记录”键，此时。打印机将会打印记录单据并同时通过 ISB 口将数据发送到上位机。

⑭ 在测量过程中，当按下“初熔”和“终熔”键时，仪器会自动保存当时的实时影像图片。完成测量后，点击“熔点”标签，可看到当时的熔解图像。图像上的“初熔”或“终熔”键就能切换初熔和终熔图像。注意：仪器只能保存一次测量图像，再次测量时，旧图片将会被覆盖。

注意事项：

[1] 在样品蒸气压很小时，可不放盖玻片，如果样品受热易挥发，防风罩的隔热玻璃很快被蒙上一层灰雾，此时可用镊子抽出防风罩，用蒸馏水或其他溶剂加以清洗，然后用脱脂棉擦干。

[2] 在连续测试高温样品时，为延长物镜寿命，建议在设定温度阶段将物镜转出光路，到达起始温度后才进入光路对焦观察。

[3] 仪器工作时加热台及炉体将会产生高温，当心烫伤。

[4] 测量完成，抽取载玻片或防风罩时，请尽量使用镊子或其他工具，切勿用手直接触摸，防止烫伤。

五、思考题

1. 加热速度的快慢对熔点测量值有何影响？

2. 能否用测量过熔点的样品再结晶进行第二次熔点测定？

实验二 蒸馏和沸点的测定

一、实验目的

1. 了解测定沸点的意义。

2. 掌握常量法（蒸馏法）测定沸点的原理和方法。

二、实验原理

液体分子由于分子运动有从表面逸出的倾向，这种倾向随着温度的升高而增大，进而在液面上部形成蒸气。当分子由液体逸出的速度与分子由蒸气中回到液体中的速度相等时，液面上的蒸气达到饱和，称为饱和蒸气，它对液面所施加的压力称为饱和蒸气压。实验证明，液体的蒸气压与温度有关，即液体在一定温度下具有一定的蒸气压。当液体的蒸气压增大到与外界施于液面的总压力（通常是大气压力）相等时，就有大量气泡从液体内部逸出，这就是液体沸腾。这时的温度称为液体的沸点。纯粹的液体有机化合物在一定的压力下具有一定的沸点（沸程范围0.5～1℃）。利用这一点，我们可以通过常量法（蒸馏法）测定纯液体有机物的沸点。

蒸馏是将液体有机物加热到沸腾状态，使液体变成蒸气，又将蒸气冷凝为液体的过程。蒸馏是分离和提纯液态有机化合物最常用的重要方法之一。应用这一方法，不仅可以把挥发性物质与不挥发性物质分离，还可以把沸点不同的物质（分离沸点差大于30℃的液体混合物）以及有色的杂质等分离。

在通常状况下，纯的液态物质在大气压力下有确定的沸点。如果在蒸馏过程中，沸点发生变动，那就说明物质不纯。因此蒸馏法不仅用来测定纯液体有机物的沸点，也用于定性检验液体有机物的纯度。此外，某些有机化合物往往能和其他组分形成二元或三元共沸混合物，它们也有一定的沸点。因此，不能认为沸点一定的物质都是纯物质。

通过蒸馏曲线可以看出蒸馏分为以下三个阶段：

在第一阶段，随着加热的进行，蒸馏瓶内的混合液不断汽化，当液体的饱和蒸气压与施加给液体表面的外压相等时，液体沸腾。在蒸气未达到温度计水银球部位时，温度计读数不变。一旦水银球部位有液滴出现（说明体系正处于气-液平衡状态），温度计内水银柱急剧上升，直至接近易挥发组分沸点，水银柱上升变缓慢，开始有气体被冷凝为液体而流出。将这部分流出液称为前馏分（或馏头）。由于这部分液体的沸点低于要收集组分的沸点，因此，应作为杂质弃掉。有时被蒸馏的液体几乎没有馏头，应将蒸馏出来的前1～2滴液体作为冲洗仪器的馏头弃掉，不要收集到馏分中去，以免影响产品的纯度。

在第二阶段，馏头蒸出后，温度稳定在沸程范围内，且沸程范围越小，组分纯度越高。此时，流出来的液体称为馏分，这部分液体就是所要的产品。随着馏分的蒸出，蒸馏瓶内混合液体的体积不断减少，直至温度超过沸程，即可停止接收。

在第三阶段，如果混合液中只有一种组分需要收集，此时，蒸馏瓶内剩余液体应作为馏尾弃掉。如果是多组分蒸馏，第一组分蒸完后温度上升至第二组分沸程前流出的液体，则既是第一组分的馏尾又是第二组分的馏头，当温度稳定在第二组分沸程范围内时，即可接收第二组分。蒸馏瓶内液体很少时，温度会自然下降，此时应停止蒸馏。无论进行何种蒸馏操作，蒸馏瓶内的液体都不能蒸干，以防蒸馏瓶过热或有过氧化物存在而发生爆炸。

三、实验仪器与试剂

1. 仪器：圆底烧瓶，蒸馏头，直形冷凝管，接引管，接收瓶，电热套，温度计等。

2. 试剂：正丁醇，沸石。

四、实验步骤

1. 蒸馏装置的装配

（1）蒸馏装置

蒸馏装置主要由汽化、冷凝和接收三部分组成，如图3-4所示。

① 蒸馏瓶：圆底烧瓶是蒸馏时最常用的容器，它与蒸馏头组合习惯上称为蒸馏烧瓶，圆底烧瓶的选用与被蒸液体的体积有关，通常装入液体的体积应为圆底烧瓶容积的1/3～2/3，液体量过多或过少都不宜。如果装入的液体量过多，当加热到沸腾时，液体可能冲出，或者液体飞沫被蒸气带出，混入馏出液中；如果装入的液体量太少，在蒸馏结束时，相对会有较多的液体残留在瓶内蒸不出来。在蒸馏低沸点液体时，选用长颈蒸馏瓶；而蒸馏高沸点液体时，选用短颈蒸馏瓶。

② 温度计：温度计应根据被蒸馏液体的沸点来选，低于100℃时可选用100℃温度计，高于100℃时应选用250～300℃水银温度计。

③ 冷凝管：冷凝管可分为水冷凝管和空气冷凝管两类，水冷凝管用于被蒸液体沸点低于140℃，空气冷凝管用于被蒸液体沸点高于140℃。用套管式冷凝器时，套管中应通入自来水，自来水用橡皮管接到下端的进水口，而从上端出来，用橡皮管导入下水道。

④ 接引管及接收瓶：接引管将冷凝液导入接收瓶中。常压蒸馏选用锥形瓶为接收瓶，

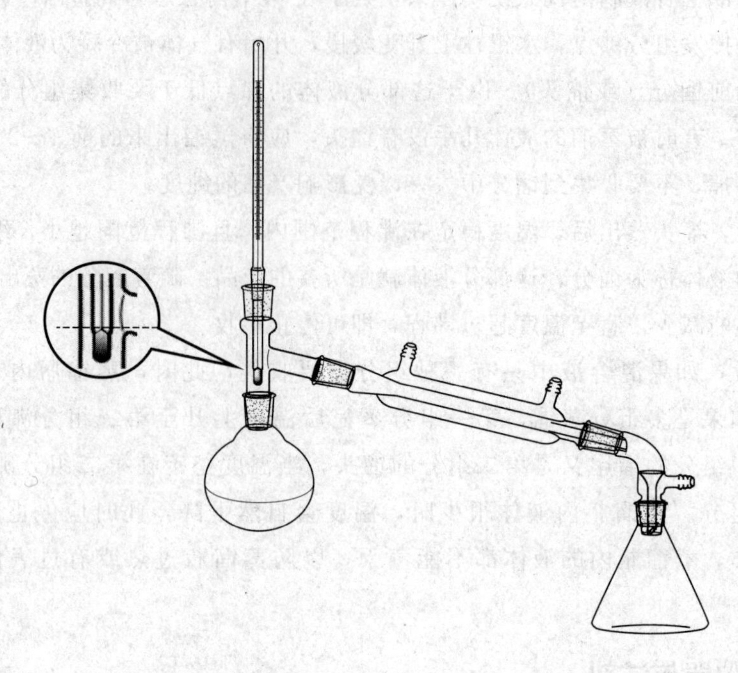

图 3-4 普通蒸馏装置

减压蒸馏选用圆底烧瓶为接收瓶。

（2）蒸馏装置的装配方法

把温度计插入螺口接头中，螺口接头装配到蒸馏头上磨口处。调整温度计的位置，使在蒸馏时它的水银球能完全为蒸气所包围，这样才能正确地测量出蒸气的温度。通常水银球的上端应恰好位于蒸馏头支管的底边所在的水平线上。在铁架台上，首先固定好圆底烧瓶的位置，装上蒸馏头再装其他仪器时，不宜再调整蒸馏烧瓶的位置。在另一铁架台上，用铁夹夹住冷凝管的中上部，调整铁架台与铁夹的位置，使冷凝管的中心线和蒸馏头支管的中心线成一条直线。移动冷凝管，把蒸馏头的支管和冷凝管严密地连接起来。铁夹应调节到正好夹在冷凝管的中央部位，再装上接引管和接收瓶。总之，仪器的安装顺序为：先下后上，先左后右。拆卸仪器时与其顺序相反。

2. 蒸馏操作

① 加料：做任何实验都应先组装仪器后再加料。取下螺口接头，将待蒸正丁醇小心倒入圆底烧瓶中，其加入量为圆底烧瓶容积的 1/3～2/3。加入 2～3 粒沸石，防止液体暴沸，使液体保持平稳沸腾。如果事先忘了加入沸石，绝不能在液体加热到近沸腾时补加，这样会引起剧烈的暴沸，使部分液体冲出瓶外，有时还易发生火灾。塞好带温度计的塞子，并注意调整温度计的位置。通入冷凝水，再检查装置是否稳妥与严密。

② 加热：用电热套加热时，注意温度的变化，当液体沸腾蒸气到达水银球部位时，温度计读数急剧上升，此时注意调节热源，让水银球上液滴和蒸气温度达到平衡，使蒸馏速度

以每秒 1～2 滴为宜。温度变化最平稳的一段就是馏出液的沸程（即沸点）。当温度超过沸程范围即 1℃时应停止蒸馏。即使杂质很少，也不要蒸干，以免蒸馏瓶破裂及发生其他意外事故。

③ 拆除蒸馏装置：蒸馏完毕，先应撤出热源，然后停止通水，将收集的正丁醇倒入回收瓶，最后拆除蒸馏装置（与安装顺序相反）。

注意事项：

[1] 在安装前首先选择规格合适的仪器，需要加热的蒸馏瓶一般选择圆底的，其大小按蒸馏液占瓶体积的 1/3～2/3 的标准选择。根据蒸馏液体的沸点选择冷凝管，直形水冷凝管最为常用；如果待蒸物沸点超过 130℃，可以选用空气冷凝管。

[2] 安装仪器时，按照由下而上、由左至右的顺序进行。首先固定蒸馏瓶，铁夹一般夹住瓶口的位置，固定在铁架台上。同时注意铁夹的松紧程度，铁夹夹得过松可能导致玻璃仪器没夹紧而掉下，也可能造成整个仪器装置不稳；夹得过紧，有可能产生应力，易夹碎玻璃仪器本身，或造成两个铁夹间的接点易损坏。正确安装的蒸馏瓶应垂直竖立在热源的上方并且位置恰当。然后依次安装蒸馏头、温度计。安装冷凝管时，一般用铁夹夹在冷凝管中间部位，松紧合适。注意冷凝管与蒸馏头连接时，一定顺着蒸馏头支管的自然角度调整冷凝管的倾斜角度，使二者一致，切不可生硬强掰，以免破损玻璃仪器。

[3] 注意整个实验操作过程的顺序。按照装置图安装好仪器后，首先检查仪器各部分接点处是否完全密闭（常压蒸馏装置必须留有与大气相通的地方），尤其是产生蒸气和蒸气经过的地方。

[4] 蒸馏瓶中需加入沸石。其目的为：当液体加热到沸点时，沸石能产生细小的气泡，成为沸腾中心，以防止暴沸。如果忘记事先加入沸石，绝不能在液体加热到近沸腾时补加，因为这样往往会引起剧烈的暴沸，会使液体冲出瓶外，造成伤害。如果需要补加沸石，可将烧瓶中的液体冷却后再补加。使用过的沸石应丢弃，不可重复使用。如果烧瓶中的液体冷却后，需要再次加热，必须重新加入新的沸石。

[5] 在蒸馏过程中应始终保持温度计水银球上有液滴存在，这时体系正处于气-液平衡状态，否则所测得的温度可能是过热蒸气的温度而不是正常的沸点。

五、思考题

1. 蒸馏时，是否可将温度计插入液体样品中测定其温度？为什么？
2. 蒸馏时加入沸石的作用是什么？如果忘记加沸石，应如何补加？
3. 为什么在蒸馏过程中要始终保持温度计水银球上有液滴存在？
4. 蒸馏过程中应注意哪些问题？
5. 蒸馏的意义及其应用？

实验三　旋光度的测定

一、实验目的

1. 了解测定旋光度的意义。

2. 学习 WZZ-2A 数显自动旋光仪的结构原理，掌握测定旋光度的方法。

二、实验原理

从有关立体化学的学习中我们可知，化合物可以分为两类：一类化合物能使偏光振动平面旋转一定的角度，即有旋光性（光学活性），称为旋光物质或光学活性物质；另一类化合物则没有旋光性。旋光分子具有实物与其镜像不能重叠的特点，即手征性或手性，大多数生物碱和生物体内的大部分有机分子都是旋光性的。

旋光度是指旋光物质使偏振光的振动平面旋转的角度。旋光度的测定对于研究具有旋光性的分子构型及确定某些反应机理具有重要的作用。在给定的实验条件下，将测得的旋光度通过换算，即可得到旋光物质的特征物理常数——比旋光度。比旋光度对鉴定旋光物质是必不可少，并且可计算出旋光物质的光学纯度。

物质的旋光度与测定时所用溶液的浓度、样品管长度、温度、所用光源的波长及溶剂的性质等因素有关。因此，常用比旋光度 $[\alpha]$ 来表示物质的旋光性。当光源、温度和溶剂固定时，$[\alpha]$ 等于单位长度、单位浓度物质的旋光度 α。与沸点、熔点一样，比旋光度是一个只与分子结构有关的表征旋光物质的特征常数。溶液的比旋光度与旋光度的关系为：

$$[\alpha]_{\lambda}^{t}=\frac{\alpha}{cl} \tag{3-1}$$

式中，$[\alpha]_{\lambda}^{t}$ 为旋光性物质在 t℃、光源波长为 λ 时的比旋光度；α 为测得的旋光度，(°)；l 为旋光管的长度，dm；c 为溶液浓度，$g \cdot mL^{-1}$。

如测定的旋光物质为纯液体，比旋光度可由下式求出。

$$[\alpha]_{\lambda}^{t}=\frac{\alpha}{dl} \tag{3-2}$$

式中，d 为纯液体的密度，$g \cdot cm^{-3}$。表示比旋光度时，通常还需标明测定时所用的溶剂。

三、实验仪器与试剂

1. 仪器：容量瓶，WZZ-2A 数显自动旋光仪。

2. 试剂：葡萄糖。

四、实验步骤

① 将仪器电源插头插入 220 V 交流电源。

② 按下电源开关，这时钠光灯应点亮，使钠光灯内的钠充分蒸发、发光稳定约需 15 min 预热。

③ 按下光源开关，使钠光灯在直流电下点亮（若光源开关按下后，钠光灯熄灭，则再将光源开关重复按下 1 到 2 次）。

④ 按下测量开关，机器处于自动平衡状态。按复测 1 到 2 次，再按清零按钮清零。

⑤ 将装有蒸馏水或其他空白样品的试管放入样品室，盖上箱盖，待小数稳定后，按清零按钮清零。试管通光面两端的雾状水滴，应用软布揩干。试管螺帽不宜旋得过紧，以免产生应力，影响读数。试管安放时应注意标记的位置和方向。

⑥ 取出试管，将待测样品注入试管，按相同的位置和方向放入样品室内，盖好箱盖。仪器读数窗将显示出该样品的旋光度，待读数稳定，再读取读数。

⑦ 逐次按下复测按键，如正数按复测“+”键，如负数按复测“-”键，取几次测量的平均值作为样品的测定结果。

⑧ 超过测量范围，仪器会在±45°处振荡。此时取出试管，仪器即自动转回零位。

⑨ 仪器使用完毕后，应依次关闭测量、光源、电源开关。

注意事项：

[1] 深色样品透过率过低时，仪器的示数重复性将有所降低，此系正常现象。

[2] 仪器也可在钠灯交流供电的情况下测试，但仪器的性能略有下降。

五、思考题

1. 哪些因素影响物质的比旋光度？

2. 比旋光度与旋光度有何区别？

实验四　折射率的测定

一、实验目的

1. 了解测定折射率对研究有机化合物的意义。

2. 学习使用阿贝折射仪测定液体折射率的方法。

二、实验原理

一般地说，光在两个不同介质中的传播速度是不相同的。光线从一种介质进入另一种介质，当它的传播方向与两种介质的界面不垂直时，则在界面处的传播方向发生改变，这种现象称为光的折射现象。

根据折射定律，波长一定的单色光线，在确定的外界条件（如温度、压力等）下，从一种介质A进入另一种介质B时，入射角α和折射角β（见图3-5）的正弦之比和这两种介质的折射率n_A（介质A的折射率）与n_B（介质B的折射率）的比值成反比，即：

$$\frac{\sin\alpha}{\sin\beta}=\frac{n_B}{n_A} \tag{3-3}$$

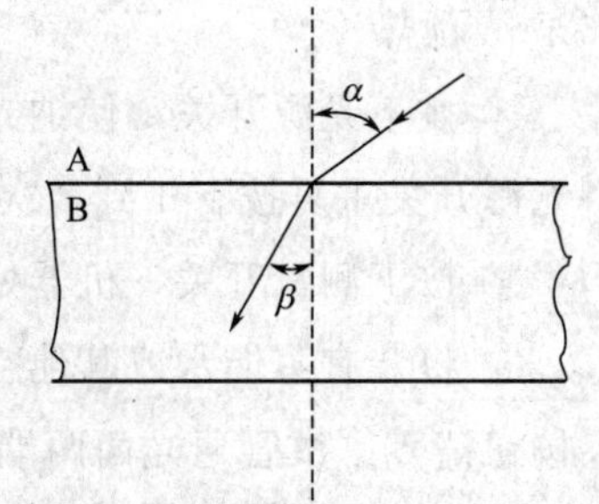

图3-5　光通过界面的折射

若介质A是真空，则$n_A=N=1$，于是：

$$n_B=\frac{\sin\alpha}{\sin\beta} \tag{3-4}$$

所以一种介质的折射率，就是光线从真空进入这种介质时的入射角和折射角的正弦之比。这种折射率称为该介质的绝对折射率，通常测定的折射率，都是以空气作为比较的标准。

折射率是有机化合物最重要的物理常数之一，它能精确方便地测定出来。作为液体物质纯度的标准，它比沸点更为可靠。利用折射率可鉴定未知化合物。如果一个化合物是纯化合物，那么就可以根据所测得的折射率排除其他化合物，从而识别出这种未知物。

物质的折射率不但与它的结构和光线波长有关，而且也受温度、压力等因素影响，所以折射率的表示须注明所用的光线和测定时的温度，常用n_D^T表示。其中D是以钠灯的D线（589 nm）作光源，T是与折射率相对应的温度。例如n_D^{20}表示20℃时，该介质对钠灯的D线的折射率。通常大气压的变化对折射率的影响不显著，因此只在很精密的工作中才考虑压力的影响。

一般来说，当温度增高1℃时，液体有机化合物的折射率就减小$3.5\times10^{-4}\sim5.5\times10^{-4}$。某些液体，特别是在温度与其沸点相近时测折射率，其温度系数可达7×10^{-4}。在实际工作中，为了便于计算，往往把某一温度下测定的折射率换算成另一温度下的折射率，一般采用4×10^{-4}为温度变化常数。虽然这是粗略计算，所得的数值可能略有误差，但却有参考价值。

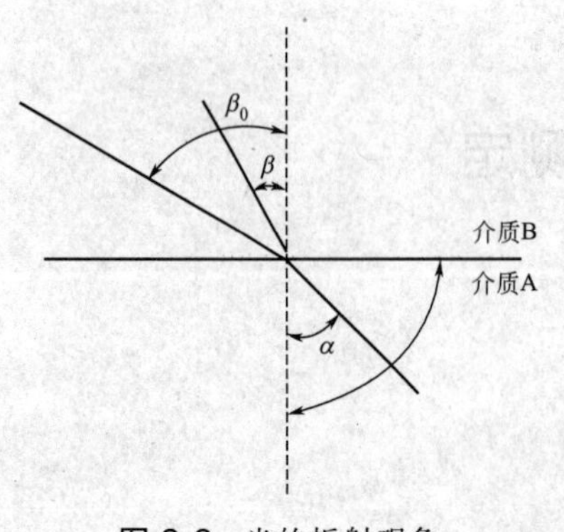

图3-6　光的折射现象

测定液体折射率的仪器构成原理如图3-6所示。当光由介质A进入介质B时，如果介质A对于介质B是光疏介质，即$n_A<n_B$时，则折射角β必小于入射角α，当入射角α为90°时，$\sin\alpha=1$，这时折射角达到最大值，

称为临界角，用 β_0 表示。很明显，在一定波长与一定条件下，β_0 也是一个常数，它与折射率的关系是：

$$n=\frac{1}{\sin\beta_0} \tag{3-5}$$

由此可见，通过测定临界角 β_0，就可以得到折射率。这就是通常所用阿贝（Abbe）折射仪的基本光学原理。

为了测定 β_0 值，阿贝折射仪采用了“半明半暗”的方法，就是让单色光由 0°～90°的所有角度从介质 A 射入介质 B，这时介质 B 中临界角以内的整个区域均有光线通过，因而是明亮的；而临界角以外的全部区域没有光线通过，因而是暗的。明暗两区域的界线十分清楚。如果在介质 B 的上方用一目镜观测，就可看见一个界线十分清晰的半明半暗的像。

若介质不同，临界角也就不同，则目镜中明暗两区的界线位置也不一样。如果在目镜中刻上一“十”字交叉线，改变介质 B 与目镜的相对位置，使每次明暗两区的界线总是与“十”字交叉线的交点重合，通过测定其相对位置（角度），并经换算，便可得到折射率。

三、实验仪器与试剂

1. 仪器：WYA-2S 数字阿贝折射仪（见图 3-7）。

2. 试剂：乙醇（分析纯），蒸馏水，待测样品。

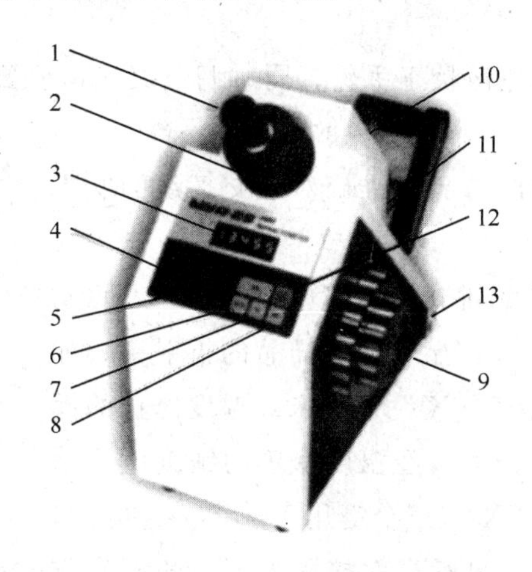

图 3-7　WYA-2S 数字阿贝折射仪

1—目镜；2—色散手轮；3—显示窗；4—“POWER”电源开关；5—“READ”读数显示键；6—“BX-TC”经温度修正锤度显示键；7—“n_D”折射率显示键；8—“BX”未经温度修正锤度显示键；9—调节手轮；10—聚光照明部件；11—射棱镜部件；12—“TEMP”温度显示键；13—RS232 接口

四、实验步骤

① 按下“POWER ”波形电源开关，聚光照明部件中照明灯亮，同时显示窗显示

00000，有时先显示“—”数秒后再显示“00000”。

② 打开折射棱镜部件，移动擦镜纸。这张擦镜纸在仪器不使用时放在两棱镜之间，防止在关上棱镜时，可能留在棱镜上的细小硬粒弄坏棱镜工作表面。擦镜纸只需用单层。

③ 检查上、下棱镜面，并用水或酒精小心清洁其表面。测定每一个样品以后也要仔细清洁两块棱镜表面，因为留在棱镜上少量的上一个样品将影响下一个样品的测量准确度。

④ 将被测样品放在下面的折射棱镜的工作表面上。如样品为液体，可用干净滴管吸1～2滴液体样品放在棱镜工作表面上，然后将上面的进光棱镜盖上。如样品为固体，则固体样品必须有一个经过抛光加工的平整表面。测量前需将抛光表面擦清，并在下面的折射棱镜工作表面上滴1～2滴折射率比固体样品折射率高的透明液体（如溴代萘），然后将固体样品抛光面放在折射棱镜工作表面上，使其接触良好。测固体样品时不需将上面的进光棱镜盖上。

⑤ 旋转聚光照明部件的转臂和聚光镜筒，使上面的进光棱镜的进光表面（测液体样品）或固体样品前面的进光表面（测固体样品）得到均匀照明。

⑥ 通过目镜观察视场，同时旋转调节手轮，使明暗分界线落在交叉线视场中。如从目镜中看到视场是暗的，可将调节手轮逆时针旋转；看到视场是明亮的，则将调节手轮顺时针旋转。明亮区域是在视场的顶部。在明亮视场情况下，可旋转目镜，调节视度看清交叉线。

⑦ 旋转目镜方缺口里的色散校正手轮，同时调节聚光镜位置，使视场中明暗两部分具有良好的反差和明暗分界线具有最小的色散。

⑧ 旋转调节手轮，使明暗分界线准确对准交叉线的交点（如图3-8所示）。

图3-8 在临界角时的目镜视野

⑨ 按“READ”读数显示键，显示窗中“00000”消失，显示“—”，数秒后“—”消失，显示被测样品的折射率。如要知道该样品的锤度值，可按“BX”键（未经温度修正的锤度值显示键）或按“BX-TC”键（经温度修正的锤度值显示键）。“n_D”“BX-TC”及“BX”三个键用于选定测量方式，经选定后再按“READ”键，显示窗就按预先选定的测量方式显示。有时按“READ”键，显示“—”，数秒后“—”消失，显示窗全暗，无其他显示，表示此时该仪器可能存在故障，不能正常工作，需进行检查修理。当选定测量方式为“BX-TC”或“BX”时，如果调节手轮旋转超出锤度值的测量范围（0～95%），按“READ”后，显示窗将显示“·”。

⑩ 检测样品温度，可按“TEMP”温度显示键，显示窗将显示样品温度。除了按“READ”键后，显示窗显示“—”时，按“TEMP”键无效，在其他情况下都可以对样品进行温度检测。显示为温度时，再按“n_D”“BX-TC”或“BX”键，显示将是原来的折射率或锤度。为了区分显示是温度还是锤度，在温度前加“T”符号，在“BX-TC”锤度前

加“b”符号，在“BX”锤度前加“c”符号。

⑪ 样品测量结束后，必须用酒精或水（样品为糖溶液）进行小心清洁。

⑫ 本仪器折射棱镜中有通恒温水的结构。如需测定样品在某一特定温度下的折射率，仪器可外接恒温器，将温度调节到所需温度再进行测量。

注意事项：

[1] 仪器应定期进行校准，或当对测量数据有怀疑时，也可以对仪器进行校准。校准通常用蒸馏水或玻璃标准块。如测量数据与标准有误差，可用钟表螺丝刀通过色散校正手轮中的小孔，小心旋转里面的螺钉，使分划板上交叉线上下移动，然后再进行测量，直到测量数据符合要求为止。样品为标准块时，测量数据要符合标准块上所标定的数据。不同温度下纯水与乙醇的折射率如表3-1所示。

⊡ **表3-1 不同温度下纯水与乙醇的折射率**

温度/℃	水的折射率/n_D^T	乙醇(99.8%)的折射率
16	1.33333	1.36210
18	1.33317	1.36129
20	1.33299	1.36048
22	1.33281	1.35967
24	1.33262	1.35885
26	1.33241	1.35803
28	1.33219	1.35721
30	1.33192	1.35639
32	1.33164	1.35557
34	1.33138	1.35474

[2] 仪器在使用或储藏时，均不应曝于日光中，不用时应用黑布罩住。

[3] 折射仪的棱镜必须注意保护，不能在镜面上造成刻痕。滴加液体时，滴管的末端切不可触及棱镜。

[4] 在每次滴加样品前应洗净镜面，在使用完毕后也应用丙酮或95%乙醇洗净镜面，待晾干后再闭上棱镜。

[5] 对棱镜玻璃、保温套金属及其间的胶合剂有腐蚀或溶解作用的液体，均应避免使用。

[6] 阿贝折射仪不能在较高温度下使用，对于易挥发或易吸水样品测量有些困难，另外对样品的纯度要求也较高。

五、思考题

1.哪些因素会影响物质的折射率？

2.使用阿贝折射仪时应注意哪些事项？

实验五　环己烯的制备

一、实验目的

1. 了解烯烃类化合物的制备方法。

2. 了解在酸催化下醇分子内脱水制备烯烃的原理和方法。

3. 了解并掌握分馏原理及应用范围。

4. 初步掌握分液漏斗的使用方法、应用范围和保养方法。

5. 掌握液体有机物干燥方法以及干燥剂的选择原则。

二、实验原理

1. 环己烯的制备原理

实验室中通常可用浓硫酸或浓磷酸催化环己醇脱水制备环己烯。本实验是以浓磷酸作催化剂来制备环己烯的，其主反应式为：

主反应：OH　$\underset{\triangle}{\overset{85\%\ H_3PO_4}{\rightleftharpoons}}$　$+ H_2O$

副反应：2　OH　$\underset{\triangle}{\overset{85\%\ H_3PO_4}{\rightleftharpoons}}$　O　$+ H_2O$

2. 环己烯的分馏纯化

环己烯的制备反应为可逆反应，为提高反应产率，本实验采用边反应边分馏的方法，将产物环己烯不断蒸出纯化。

分馏原理：液体混合物中的各组分，若其沸点相差很大，可用普通蒸馏分离；若其沸点相差不太大，则用普通蒸馏法就难以精确分离，应当采用分馏的方法分离。实验室利用分馏柱进行分馏，实际上就是在分馏柱内使混合物进行多次汽化和冷凝。当上升的蒸气与下降的冷凝液互相接触时，上升的蒸气部分冷凝放出热量使下降的部分汽化，两者之间发生了热量交换。其结果是上升蒸气中易挥发组分增加，而下降的冷凝液中高沸点组分增加。如此继续多次，就相当于进行了多次的气液平衡，即达到了多次蒸馏的效果。这样，靠近分馏柱顶部易挥发物质的组分的比例高，而在烧瓶里高沸点组分的比例高。当分馏柱的效率足够高时，开始从分馏柱顶部出来的几乎是纯净的易挥发组分，而最后在烧瓶里残留的则几乎是纯净的高沸点的组分。在本实验中，边反应边蒸出反应生成的环己烯和水形成的二元共沸物；而原料环己醇也能和水形成二元共沸物，根据上述分馏原理，采用分馏装置可将产物以共沸物的形式蒸出反应体系。

三、实验仪器与试剂

1. 仪器：电热套，圆底烧瓶（2 个），分馏柱，温度计，冷凝管，接引管，锥形瓶（3 个），分液漏斗，蒸馏头，量筒。

2. 试剂：环己醇，85%磷酸，氯化钠，无水氯化钙，5%碳酸钠水溶液。

四、实验步骤

1. 装料

在 50 mL 干燥的圆底烧瓶中加入 10 g 环己醇（10.4 mL，约 0.1mol）、5 mL 85%磷酸和几粒沸石，充分振荡使之混合均匀，按如图 3-9 所示安装反应装置。用小锥形瓶作接收器，置于碎冰浴里。

2. 加热回流、蒸出粗产物

用小火慢慢加热（15 min 以上，电热套的电压不要超过 100 V）混合物至沸腾，以较慢速度进行蒸馏并控制分馏柱顶部温度在 70～80℃范围，馏出液为带水的浑浊液。当无液体蒸出时，加大电热套电压，继续蒸馏，当温度达到 85℃时，停止加热（当烧瓶中只剩下很少残液并出现阵阵白雾时，即可停止加热）。全部蒸馏时间约需 1 h。

3. 分离并干燥粗产物

将馏出液用 1 g 氯化钠饱和，然后加入 3～4 mL 5%碳酸钠溶液中和产物中微量的酸。将液体转入分液漏斗中，振摇（注意放气操作!）后静置分层（8～10 min），打开上口玻璃塞，再将活塞缓缓旋开，下层液体从分液漏斗的活塞放出，产物从分液漏斗上口倒入一干燥的小锥形瓶中，用 2～3 g 无水氯化钙干燥，用塞子塞好，放置 20～30 min，时时振摇。（注：必须待液体完全澄清透明后，才能进行蒸馏。）

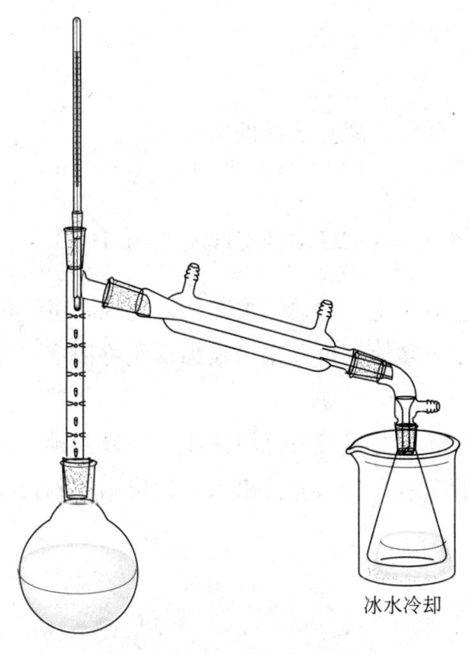

图 3-9 环己烯的合成装置

4. 蒸馏提纯

待溶液清亮透明后，小心倒入干燥的 25 mL 烧瓶中（注意不能把氯化钙倒入），投入几粒沸石后进行蒸馏，收集 80～85℃的馏分于一只已称量的小锥形瓶中。称重并计算产率。

纯环已烯为无色液体，沸点为 82.98℃。

注意事项：

[1] 脱水剂可以是磷酸或硫酸。虽然磷酸的用量必须是硫酸的一倍以上，但与硫酸相比有明显优点：一是不生成碳渣；二是不产生难闻气体（用硫酸则易生成副产物 SO_2）。

［2］投料时应先投环己醇，再投浓酸；投料后，一定要混合均匀。

［3］反应时，控制温度在 70～80℃范围。环己醇和水（97.8℃）、环己烯和水（70.8℃）皆形成二元恒沸混合物。

［4］干燥剂用量合理。

［5］反应、干燥、蒸馏所涉及器皿都应干燥。

五、思考题

1.为什么要把环己醇和85％磷酸充分混合？

2.如果用浓硫酸代替85％磷酸，有什么缺点？

3.为什么要控制分馏柱顶部的温度在70～80℃范围？

4.为什么用饱和氯化钠溶液处理粗产品？

5.为了使粗产品更充分干燥，是否可以过多地加入无水氯化钙？

实验六　乙酸正丁酯的制备

一、实验目的

1.掌握共沸蒸馏分水法的原理和油水分离器的使用。

2.掌握液体化合物的分离提纯方法。

二、实验原理

制备酯类最常用的方法是由羧酸和醇直接合成。合成乙酸正丁酯的反应如下：

$$CH_3\overset{\overset{\displaystyle O}{\|}}{C}OH + CH_3CH_2CH_2CH_2OH \xrightleftharpoons[\triangle]{\text{浓 } H_2SO_4} CH_3\overset{\overset{\displaystyle O}{\|}}{C}OCH_2CH_2CH_2CH_3 + H_2O$$

酯化反应是一个可逆反应，而且在室温下反应速率很慢。加热、加酸作催化剂，可使酯化反应速率大大加快。同时，为了使平衡向生成物方向移动，可以采用增加反应物浓度（冰醋酸）和除去生成物的方法，使酯化反应趋于完全。

为了将反应物中生成的水除去，利用酯、醇和水形成二元或三元恒沸物，采取共沸蒸馏分水法，使生成的酯和水以共沸物形式蒸出来，冷凝后通过分水器分出水，油层则回到反应器中。

三、实验仪器与试剂

1.仪器：圆底烧瓶（2个），分水器，球形冷凝管，直形冷凝管，蒸馏头，温度计，接

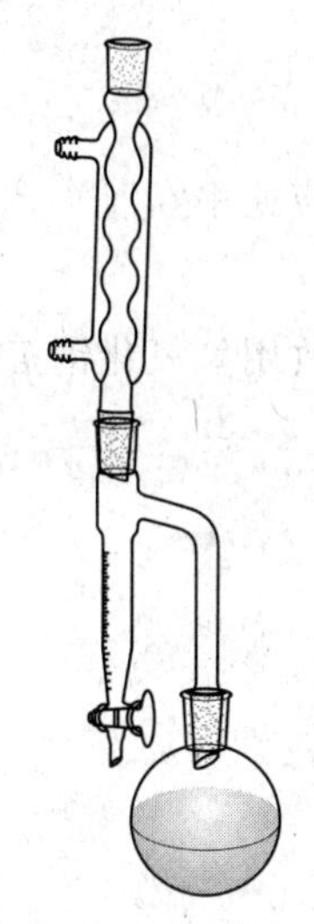
图 3-10　乙酸正丁酯合成装置

引管，分液漏斗，锥形瓶（2个）等。

2. 试剂：正丁醇（9.3 g，11.5 mL，0.125 mol），冰醋酸（7.5 g，7.2 mL，0.125mol），浓硫酸，10%碳酸钠溶液，无水硫酸镁。

四、实验步骤

1. 合成

在 50 mL 圆底烧瓶中加入 11.5 mL 正丁醇，再用量筒加入 7.2 mL 冰醋酸，并从滴瓶加入 3～4 滴浓硫酸，摇匀，加入沸石。在分水器中加水至低于支管口约 1cm 处。按如图 3-10 所示连接好反应装置。用电热套小火加热，保持微沸，15 min 后，逐渐提高温度，反应过程中产生的水从分水器下部分放出（注意：只把下面的水层除去，不要把油层也放掉）。直至回流到分水器中的水分不再增加时，即为反应基本完成。反应时间约 40 min。停止加热，记录反应生成的水量，卸下回流冷凝管。

2. 洗涤并干燥

冷却后，把反应液与分水器中上层油层合并倒入分液漏斗，分别用 10 mL 水、10 mL 10%碳酸钠溶液以及 10 mL 水洗涤。把分离出来的上层油层倒入干燥的小锥形瓶内，逐渐加入 0.5 ～ 1 g 无水硫酸镁干燥，直至液体澄清。

3. 蒸馏提纯

将干燥后的油层滤入干燥的 25 mL 圆底烧瓶中，加入沸石，安装好普通蒸馏装置，加热蒸馏。收集 124～127℃的馏分置于一只已称量的小锥形瓶中称重，计算产率。产量约 10 g。

纯乙酸正丁酯是无色液体，有水果香味。沸点为 126.5℃，d_4^{20} 为 0.8825，n_D^{20} 为 1.3941。

注意事项：

[1] 烧瓶要洁净、干燥，否则反应中易发生炭化及影响产率。

[2] 高浓度醋酸在气温较低时易凝结成冰状固体（熔点 16.6℃），取用时可用温水浴温热（微开瓶塞）使其熔化后量取。

[3] 浓硫酸起催化剂作用，故只需少量。也可用强酸性阳离子交换树脂作催化剂。

[4] 因为硫酸密度大，易沉积在烧瓶底部，加热时易发生炭化现象。

[5] 当酯化反应进行到一定程度时，可连续蒸出乙酸正丁酯、正丁醇和水的三元共沸物（恒沸点 90.7℃），其回流液组成为：上层三者分别含 86%、11%、3%，下层含 1%、2%、97%。故分水时也不要分去太多的水，以能使上层液溢流回圆底烧瓶继续反应为宜。

[6] 碱洗时注意分液漏斗要放气，否则二氧化碳的压力增大可能使溶液冲出。

[7] 本实验不能用无水氯化钙为干燥剂，因为它能与产品形成络合物（$CH_3COOC_4H_9 \cdot 4CaCl_2$ 或 $CH_3COOC_4H_9 \cdot 6CaCl_2$），进而影响产率。

五、思考题

1.酯化反应有哪些特点？本实验中如何提高产品产率？又如何加快反应速率？

2.计算反应完全时应分出多少水。

3.在提纯粗产品的过程中，用碳酸钠溶液洗涤主要除去哪些杂质？若改用氢氧化钠溶液是否可以？为什么？

实验七　乙酰苯胺的制备

一、实验目的

1.掌握苯胺乙酰化反应的原理和乙酰苯胺的制备方法。

2.熟练分馏、脱色、重结晶与抽滤的操作。

二、实验原理

芳胺的酰化在有机合成中有着重要作用。作为一种保护措施，一级和二级芳胺在合成中通常被转化为它们的乙酰基衍生物，以降低芳胺对氧化降解的敏感性，使其不被反应试剂破坏。同时，氨基经酰化后，降低了氨基在亲电取代反应（特别是卤化）中的活化能力，使其由很强的第Ⅰ类定位基变为中等强度的第Ⅰ类定位基，使反应由多元取代变为有用的一元取代。另外，由于乙酰基的空间效应，往往选择性地生成对位取代产物，在某些情况下，酰化可以避免氨基与其他官能团或试剂（如 RCOCl、$-SO_2Cl$、HNO_2 等）之间发生不必要的反应。在合成的最后步骤，氨基很容易通过酰胺在酸碱催化下水解重新产生。

芳胺可用酰氯、酸酐或与冰醋酸加热来进行酰化，一般使用冰醋酸，该试剂易得，且价格便宜，但需要较长的反应时间，适合于规模较大的制备。酸酐一般来说是比酰氯更好的酰化试剂。用游离胺与纯乙酸酐进行酰化时，常伴有二乙酰胺 $HN(COCH_3)_2$ 副产物的生成。但如果在醋酸-醋酸钠的缓冲溶液中进行酰化，由于酸酐的水解速率比酰化速率慢得多，可以得到高纯度的产物。但这一方法不适合于硝基苯胺和其他碱性很弱的芳胺的酰化。

以冰醋酸为酰化试剂，乙酰苯胺的制备反应如下：

$$C_6H_5NH_2 + CH_3COOH \rightleftharpoons C_6H_5NHCOCH_3 + H_2O$$

三、实验仪器与试剂

1.仪器：圆底烧瓶，真空泵，蒸馏头，接引管，刺形分馏柱，锥形瓶，温度计，布氏漏斗，抽滤瓶，量筒，烧杯，保温漏斗，短颈漏斗，酒精灯，表面皿，电热套。

2. 试剂：苯胺（5.1 g，5 mL，0.055 mol），冰醋酸（7.8 g，7.4 mL，0.13 mol），锌粉，活性炭。

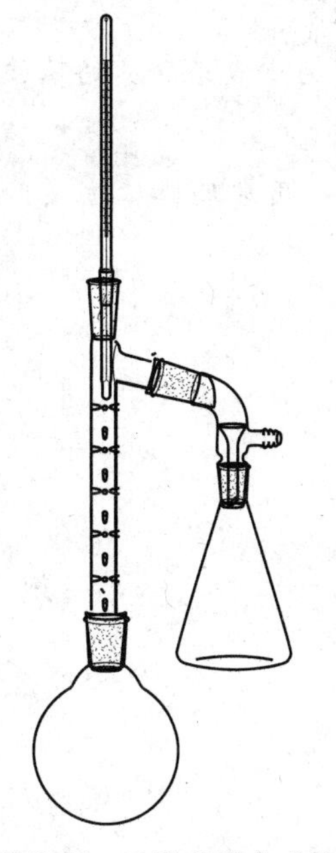
图 3-11　乙酰苯胺合成装置

四、实验步骤

1. 粗乙酰苯胺的制备

在 50 mL 圆底烧瓶加入 5 mL 苯胺，再用量筒加入 7.4 mL 冰醋酸，并用药匙加入 0.1 g 锌粉。添加完毕后，按如图 3-11 所示连接好反应装置。装置安装完毕，在电热套上小火加热，保持微沸，蒸气不进入分馏柱。15 min 后，逐渐提高温度，此时反应中生成的水和少量乙酸蒸出，接收于锥形瓶中。保持温度计读数在 105℃左右回流 30～40 min 后，注意观察温度计读数，当温度计读数发生上下波动，然后下降时，则表示反应生成的水和大部分乙酸已被蒸出（有时反应容器中会出现白雾），蒸出液约 4 mL，这时反应已完成，停止加热。

在不断搅拌下，用倾泻法将反应液趁热以细流倒入盛有 100 mL 冷水的烧杯中，粗乙酰苯胺呈细粒状析出。冷却后用布氏漏斗抽滤收集晶体，用玻璃瓶塞把固体压碎，再用 5～10 mL 冷水洗涤除去残留的酸液。粗乙酰苯胺为白色或带有黄色的固体。

2. 乙酰苯胺的纯化

把粗产品放入 100 mL 热水中，加热至沸腾。如果溶液中有未溶解的油珠，则补加热水，直到油珠完全溶解。冷却片刻后加入 0.5～1 g 活性炭，在玻璃棒搅动下煮沸 3～5 min 进行脱色。用保温漏斗趁热过滤（或趁热抽滤，需放两张滤纸）。过滤完毕，将滤液冷却 10 min，大量白色片状结晶析出，用布氏漏斗抽滤，得到无色片状乙酰苯胺晶体。产品放在表面皿中烘干或晾干后称重。一般产量约在 3～4 g。

纯乙酰苯胺为无色片状晶体，熔点 114.3℃。

注意事项：

[1] 乙酰苯胺制备实验应用新蒸馏过的苯胺。久置的苯胺颜色渐深，但在反应开始后基本上也可逐渐褪去。

[2] 高浓度醋酸在气温较低时易凝结成冰状固体（熔点 16.6℃）。取用时可用温水浴温热（微开瓶塞）使其熔化后量取。

[3] 锌粉的作用主要是防止苯胺在反应过程中氧化。但也不宜加得过多以免在后处理中出现不溶于水的氢氧化锌。

[4] 控制在 105℃是为了尽量蒸去水而保留醋酸，温度波动范围最好在±2℃以内。

[5] 回流时间最短不得少于 25 min，否则由于反应不完全，产物很少甚至无产物。

[6] 也可用 15%乙醇重结晶，但须采用回流冷凝装置。

[7] 此油珠是熔化但未溶解于水的乙酰苯胺，一般在产量较高时出现。

[8] 乙酰苯胺在不同温度下的溶解度为：20℃，0.52 g·（100 g饱和水溶液）$^{-1}$；40℃，0.86 g·（100 g饱和水溶液）$^{-1}$；60℃，2.0 g·（100 g饱和水溶液）$^{-1}$；80℃，4.5 g·（100 g饱和水溶液）$^{-1}$，100℃，6.5 g·（100 g饱和水溶液）$^{-1}$。

[9] 即使粗产品颜色较白，重结晶时也需加少量活性炭脱色。因为少量未除尽的苯胺加热时会氧化而使重结晶产品不够洁白。

[10] 如果冷却后晶体不能析出，可用下列方法之一促使其析出：用玻璃棒摩擦液面以下的烧杯内壁；加入少量晶种；进一步冷却溶液；蒸发溶剂等。

[11] 本实验产品可用作制备对硝基苯胺和对氨基苯磺酸的原料。

五、思考题

1. 本实验为什么不用水分分离器去水而用分馏柱？
2. 本反应在有机合成上有何用处？举例说明。
3. 除了冰醋酸，还可用哪些试剂作乙酰化试剂？
4. 反应终点时可能出现的“白雾”是什么？
5. 在重结晶操作中，为什么用100 mL热水？太多或太少有何不妥？

实验八　甲基橙的制备

一、实验目的

1. 学习重氮盐的制备及芳香叔胺的偶联反应。
2. 学习甲基橙的制备方法。

二、实验原理

甲基橙是一种偶氮化合物类的染料，它可以通过重氮化-偶联反应来制备。首先将对氨基苯磺酸与碱作用，得到溶解度较大的盐（因为对氨基苯磺酸不溶于酸，而重氮化和偶联反应都是在酸性条件下进行的）。重氮化时，由于溶液的酸化（亚硝酸钠和盐酸生成亚硝酸），当对氨基苯磺酸从溶液中以很细小的微粒析出时，立即与亚硝酸发生重氮化反应，生成重氮盐微粒（逆重氮化法）。重氮盐再与*N*,*N*-二甲基苯胺的醋酸盐发生偶联反应，得到亮红色的酸式甲基橙，称为酸性黄。化学反应方程式如下：

$$H_2N-C_6H_4-SO_3H + Na_2CO_3 \longrightarrow H_2N-C_6H_4-SO_3^- Na^+$$

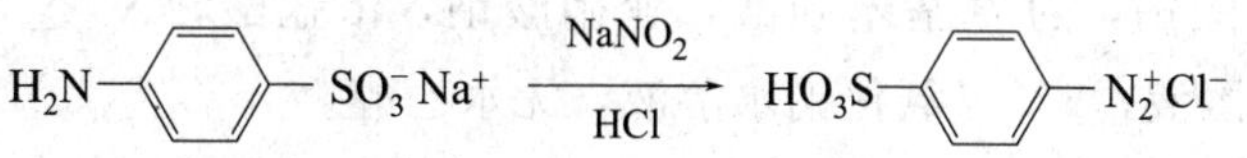

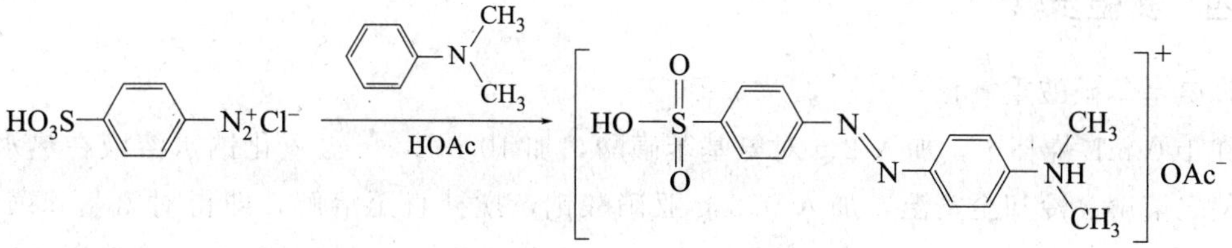

酸性黄

在碱性条件下，酸性黄转变成橙黄色的钠盐，即甲基橙。

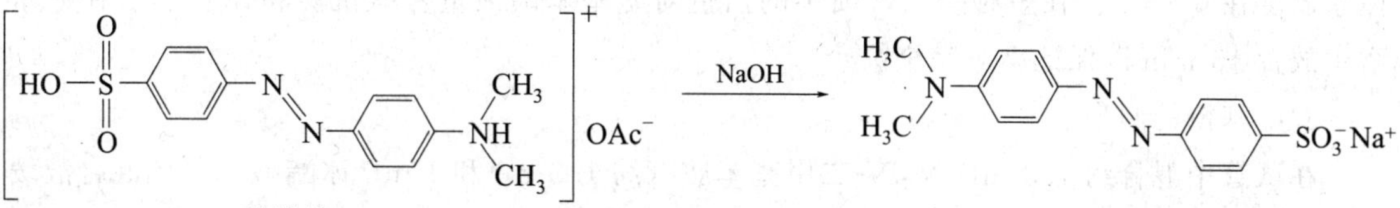

酸性黄　　　　甲基橙

甲基橙也是一种常用的酸碱指示剂，变色范围 pH 为 3.1～4.4。甲基橙在中性或碱性介质中呈黄色，pH＝3.1～4.4 时呈橙色，酸性介质中呈红色。甲基橙通常配制成 0.01％的水溶液使用。

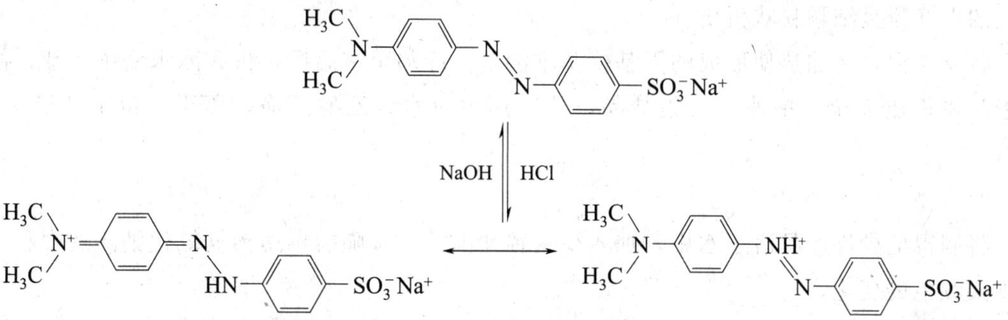

重氮盐与芳香叔胺或酚类发生偶联反应，生成具有 $C_6H_5—N═N—C_6H_5$ 结构的有色偶氮化合物，即偶氮染料。在偶联过程中，介质的酸碱性对反应影响很大，如：重氮盐与酚类偶联宜在中性或弱碱性介质中进行；而与胺类偶联时，宜在中性或弱酸性中进行。重氮盐具有很强的化学活性，可被—OH、—H、—X、$—NO_2$ 等置换，广泛应用于芳香化合物的合成中。另外，大多数重氮盐很不稳定，温度高容易导致分解，所以必须严格控制反应温度，而且偶联反应通常也需要在较低的温度下进行。重氮盐不宜长期保存，制备好后应立即使用，而且通常都无需把它分离出来，直接用于下一步合成。

三、实验仪器与试剂

1.仪器：100 mL 烧杯（2 个），试管，量筒，长颈玻璃漏斗，石蕊（或 pH）试纸，滤纸，恒温水浴，冰水浴，抽滤装置。

2. 试剂：无水碳酸钠，对氨基苯磺酸，亚硝酸钠，浓盐酸，*N*,*N*-二甲基苯胺，冰醋酸，10%氢氧化钠水溶液，5%氢氧化钠水溶液，无水乙醇。

四、实验步骤

1. 氨基苯磺酸重氮化

在 100 mL 烧杯中，加入 2 g 对氨基苯磺酸，加 10 mL 5%氢氧化钠水溶液在热水浴中温热使之溶解。冷却至室温，加入 0.8 g 亚硝酸钠，搅拌直至溶解，即得对氨基苯磺酸钠-亚硝酸钠溶液。在另一个 100 mL 烧杯中加 13 mL 冰水和 2.5 mL 浓盐酸，并把烧杯置于冰水浴中。将上述对氨基苯磺酸钠-亚硝酸钠溶液滴入稀盐酸溶液中，边滴加边搅拌，并维持体系温度在 0～5℃。在短时间内，细小的白色对氨基苯磺酸重氮盐沉淀析出，然后在冰水浴中放置 15 min 以保证反应完全。

2. 甲基橙的制备

在试管中混合约 1.3 mL *N*,*N*-二甲基苯胺（约 1.2 g）和 1 mL 冰醋酸，将此混合液缓慢滴加到在冰浴中冷却的对氨基苯磺酸重氮盐悬浮液中，同时用搅拌棒剧烈搅动，数分钟后，即有红色沉淀析出，该沉淀就是酸性黄（Helianthin）。反应液保留在冰浴中 15 min，以确保偶联反应完全。继续在冰浴中，不断搅拌下慢慢加入约 15 mL 10%氢氧化钠水溶液，用石蕊或 pH 试纸检测至溶液呈碱性，否则补加 10%氢氧化钠水溶液。这时反应液呈碱性，粗制的甲基橙呈细颗粒状析出。

将反应混合物加热使形成的甲基橙基本溶解。冷却至室温后，再在冰水浴中冷却，使甲基橙晶体析出完全。抽滤，收集结晶，依次用少量水、乙醇洗涤，压干，得甲基橙 2.5 g 左右。

3. 检测

将制得的少许产品溶于水中，加入少量稀盐酸溶液，随后再用稀氢氧化钠溶液中和，仔细观察颜色的变化。

注意事项：

[1] 对氨基苯磺酸是两性物质，其酸性比碱性强，以酸性内盐的形式存在，所以它能与碱作用而成盐，不能与酸作用成盐。

[2] 在本次实验中，温度的控制非常重要。制备重氮盐时，应保持温度 0～5℃，即使是重氮化反应液只放置几分钟，也必须保留在冰浴中。如果重氮盐的水溶液温度升高，重氮盐会水解成酚，从而降低产物的产率。偶联反应时，也应注意控制反应液温度在 0～5℃。

[3] 对于含有 *N*,*N*-二甲基苯胺的醋酸盐，在加入氢氧化钠后，会有难溶于水的 *N*,*N*-二甲基苯胺析出，影响产物的纯度。湿的甲基橙在空气中受光照后，颜色会很快变深，所以粗产物一般是紫红色的。

[4] 加热温度不宜过高，加热时间不宜过长，一般约在 60℃，否则颜色变深影响质量。

[5] 由于产物呈碱性，温度高时，容易变质，颜色变深。产物结晶用乙醇洗涤的目的也是促使产物迅速干燥。

五、思考题

1. 本实验中重氮盐的制备为什么要控制在 0～5℃中进行？偶联反应为什么要在弱酸介质中进行？

2. 思考甲基橙在酸碱介质中变色的原因，并用反应式表示之。

实验九　苯甲酸的制备

一、实验目的

1. 学习由甲苯氧化制备苯甲酸的原理和方法。
2. 掌握回流、过滤、重结晶等操作技能。

二、实验原理

芳香烃的苯环比较稳定，难于氧化，但苯环侧链上的烃基不论长短，遇到强氧化剂时，最后都可以被氧化成羧基。常用的氧化剂为硝酸、重铬酸钠（钾）、过硫酸、高锰酸钾、过氧化氢及过氧乙酸等。甲苯与高锰酸钾的反应如下：

$$C_6H_5CH_3 + 2KMnO_4 \longrightarrow C_6H_5COOK \xrightarrow{H^+} C_6H_5COOH$$

三、实验仪器与试剂

1. 仪器：圆底烧瓶，球形冷凝器，布氏漏斗，抽滤瓶，烧杯，水浴锅，表面皿。
2. 试剂：甲苯，高锰酸钾，浓盐酸，活性炭。

四、实验步骤

① 在 250 mL 圆底烧瓶中放入 3.5 mL 甲苯和 140 mL 水，瓶口装球形冷凝管，加热至沸，从冷凝管上口分批加入 10.4 g 高锰酸钾，每加入一批均需摇动圆底烧瓶，直至反应缓和后再加入下一批，每次加料不宜过多，否则反应变得激烈，不易控制。若加料过程中出现堵塞现象，可用细长玻璃棒疏通，整个加料过程大致在 60 min 内完成。最后用少量水将黏附在冷接管内壁的高锰酸钾冲洗入瓶内，继续煮沸并间歇摇动烧瓶，直到甲苯层消失，回流液不再有明显油珠为止。

② 将反应物趁热减压过滤，用少量热水洗二氧化锰，合并滤液，放冰水中冷却，用浓盐酸酸化，使苯甲酸全部析出（pH＝2），放置 30 min。

③ 抽滤收集苯甲酸，用少量水洗产品，干燥，称重，计算产率。产量约 2 g，必要时可在热水中重结晶，也可加少量活性炭脱色。

纯的苯甲酸为白色针状晶体，熔点 121.7℃。

注意事项：

[1] 滤液如呈红色，可加少量亚硫酸氢钠褪色。

[2] 苯甲酸在水的溶解度（以 100 mL 水计）：4℃ 0.18 g，18℃ 0.27 g，75℃ 2.2 g。

五、思考题

1. 除本实验的合成方法外，还可以用什么方法来制备苯甲酸？

2. 反应完后，滤液尚呈紫色，为什么要加亚硫酸氢钠？

实验十　乙酰水杨酸的制备

一、实验目的

1. 了解酰化反应的原理。

2. 掌握乙酰水杨酸的制备与纯化方法。

二、实验原理

乙酰水杨酸又称阿司匹林，它是一种治疗感冒的药物，具有解热镇痛作用。当乙酸酐或乙酰氯与水杨酸作用时可以得到乙酰水杨酸。具体反应式如下：

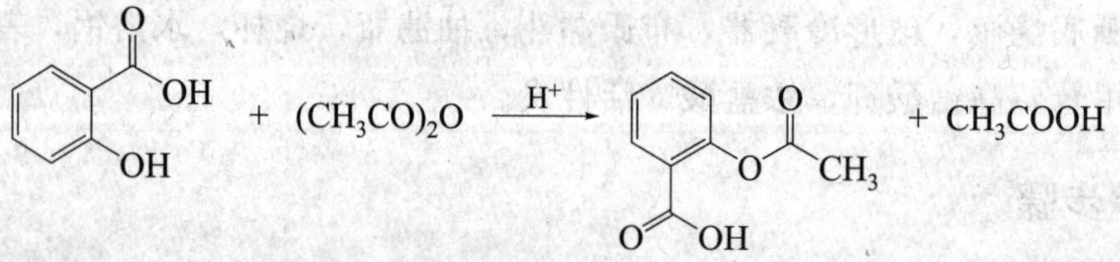

$$\text{水杨酸} + (CH_3CO)_2O \xrightarrow{H^+} \text{乙酰水杨酸} + CH_3COOH$$

同时，该酯化反应过程伴有如下副反应：

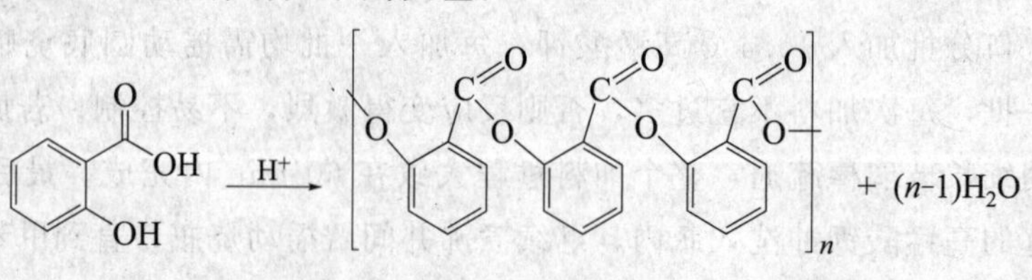

$$n\,\text{水杨酸} \xrightarrow{H^+} [\text{聚水杨酸酯}]_n + (n\text{-}1)H_2O$$

在酯化反应中，原料水杨酸是一个双官能团化合物，一个是酚羟基，一个是羧基，因此反应可以形成少量的高聚物。为了除去这部分杂质，可将乙酰水杨酸变成钠盐，利用高聚物不溶于水的性质把它们分开。

三、实验仪器与试剂

1. 仪器：锥形瓶，球形冷凝管，布氏漏斗，抽滤瓶，烧杯，试管，水浴锅，表面皿。

2. 试剂：水杨酸（3 g，0.022 mol），乙酸酐（4.5 g，4.3 mL，0.044 mol），浓硫酸，饱和碳酸氢钠溶液（38 mL），浓盐酸，1%三氯化铁溶液，乙醚，石油醚。

四、实验步骤

① 在干燥的 50 mL 锥形瓶中加入 3 g 干燥的水杨酸、4.5 g 乙酸酐和 5 滴浓硫酸，充分摇动，使水杨酸全部溶解。按如图 3-12 所示，连接好反应装置。安装完毕，在水浴上加热 30 min，控制浴温 80～85℃，并时时振摇。稍冷，在不断搅拌下将反应物倒入 50 mL 水中，并用冷水冷却。抽滤，用适量冷水洗涤。

② 将抽滤后的粗产物转入 100 mL 烧杯中，在搅拌下加入 38 mL 饱和碳酸氢钠水溶液，加完后继续搅拌几分钟，直至无二氧化碳产生。抽滤，滤除副产物聚合物，并用 5～10 mL 水冲洗漏斗，合并滤液，将滤液倒入预先盛有 7 mL 浓盐酸和 15 mL 水的烧杯中，搅拌均匀，即有乙酰水杨酸晶体析出。将烧杯用冰水冷却，使结晶完全。抽滤，用冷水洗涤结晶。

③ 将结晶转移至表面皿中，干燥后称重约 2.5～2.8 g，产率 63%～71%。

④ 取几粒结晶加入盛有 5 mL 水的试管中溶解。加入 1～2 滴 1%三氯化铁溶液，观察有无颜色变化，从而判定产物中有无未反应的水杨酸。这是由于乙酰化反应不完全或产物在分离步骤中发生水解造成最终产物中的杂质可能是水杨酸本身。它可以在各步纯化过程和产物的重结晶过程中被除去。与大多数酚类化合物一样，水杨酸可与三氯化铁形成深色络合物，阿司匹林因酚羟基已被酰化不再与三氯化铁发生颜色反应，因此杂质很容易被检出。

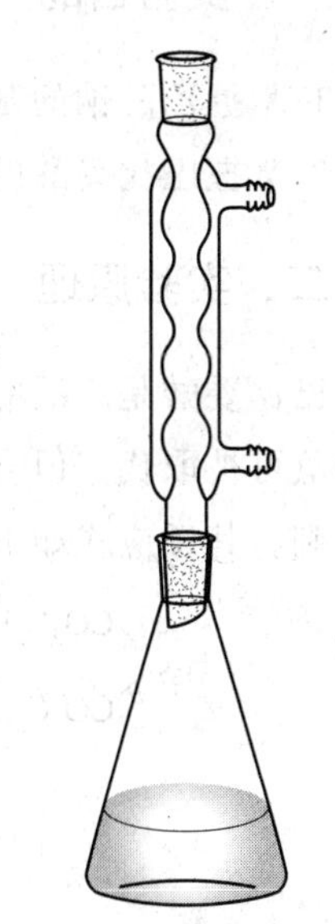

图 3-12 乙酰水杨酸的制备装置

⑤ 为了得到更纯的产物，可将上述粗产物移入 150 mL 锥形瓶中，加入 5 mL 乙醚，温热，使粗产品溶解，进行重结晶，再加入等体积的 30～60℃的石油醚，并在冰浴中将混合物冷却，这时无色针状结晶立即析出。待结晶析出完全后，抽滤，沉淀用少量冰水洗涤几次。产品晾干，或置于干燥器中干燥，测其熔点。

纯净的乙酰水杨酸为白色针状结晶，熔点 135～136℃。

注意事项：

[1] 乙酸酐应是新蒸的。

[2] 乙酰水杨酸与碳酸氢钠反应生成水溶性钠盐溶液。

[3] 乙酰水杨酸受热易分解，因此熔点不很明显，它的分解点为 128～135℃。测定熔点时，应先将热载体加热至 120℃左右，然后放入样品测定。

五、思考题

1. 浓硫酸在酯化反应中起什么作用?

2. 反应的副产物如何除去?

实验十一 巴比妥酸的制备

一、实验目的

1. 掌握乙醇钠的制备条件和相应实验制备装置。

2. 掌握巴比妥酸的制备操作。

二、实验原理

巴比妥酸是广泛应用的镇静催眠剂。在巴比妥酸分子中,两个羰基间的亚甲基上有两个活泼氢可被取代,但合成取代巴比妥酸的最好的方法却是通过烃基取代的丙二酸酯与尿素缩合得到。其反应式如下:

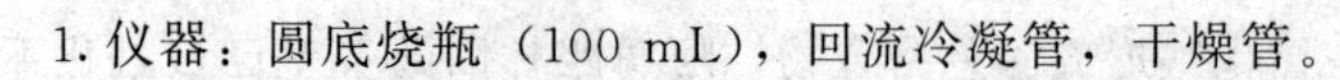

三、实验仪器与试剂

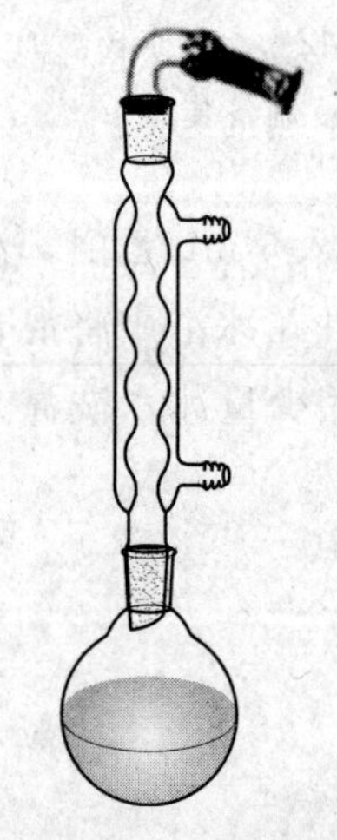

图 3-13 巴比妥酸的制备装置图

1. 仪器:圆底烧瓶(100 mL),回流冷凝管,干燥管。

2. 试剂:丙二酸二乙酯(6.5 mL,0.04 mol),尿素(2.4 g,0.04 mol),金属钠,绝对乙醇,浓盐酸。

四、实验步骤

在 100 mL 干燥的圆底烧瓶中,加入 20 mL 绝对乙醇,装上回流冷凝管,从其上口分数次加入 1 g 切成细丝的金属钠,待其全部溶解后,加入 6.5 mL 丙二酸二乙酯,摇匀。加 2.4 g 干燥的尿素和 12 mL 绝对乙醇配成的溶液,冷凝管上端装氯化钙干燥管(如图 3-13 所示)。加热回流 2 h 后,反应液冷却,得到黏稠的白色固体物。然后加 30 mL 水,用盐酸酸化至 pH 为 3,得澄清溶液。再过滤除去杂质,用冰水冷却溶液令其结晶,过滤,用冷水洗,得白色棱柱状结晶。干燥，产品重约2～3 g，熔点244～245℃。

注意事项：

[1] 本实验所用仪器和试剂均应保证无水。

[2] 若丙二酸二乙酯的纯度不够，可进行一次减压蒸馏，收集90～91℃/15 mmHg柱的馏分（1 mmHg柱=133.32 Pa）。

[3] 尿素应置105～110℃烘箱中干燥约60 min。

五、思考题

1. 本实验使用乙醇钠的作用是什么？
2. 实验所制得的产品为什么称为酸？

实验十二 醇和酚的性质

一、实验目的

1. 进一步认识醇类的一般性质。
2. 比较醇和酚两者化学性质上的差别。
3. 认识羟基和烃基的互相影响。

二、实验原理

羟基是醇的官能团，O—H键和C—O键容易断裂发生化学反应；同时α-H和β-H有一定的活性，使得醇能发生氧化反应、消除反应等；而邻多元醇除了具有一般醇的化学性质，由于它们分子中相邻羟基的相互影响，使其具有一些特殊的性质，如甘油能与$Cu(OH)_2$发生反应。

酚类化合物分子中的羟基与苯环发生了p-π共轭，导致C—O键增强，O—H键削弱，在水溶液中能电离出少量氢离子，使酚溶液显示弱酸性；—OH受苯环上大π键的影响，使得C—OH键显示一定的活性，易发生氧化反应，而苯环也受—OH的影响，使得苯环上H的活性增强，易发生取代反应；酚具有烯醇式的结构能与$FeCl_3$发生显色反应。

三、实验仪器与试剂

1. 仪器：恒温水浴锅，试管。

2. 试剂：甲醇，乙醇，丁醇，辛醇，钠，酚酞，仲丁醇，叔丁醇，无水$ZnCl_2$，浓盐酸，1% $KMnO_4$溶液，异丙醇，5% NaOH溶液，10% $CuSO_4$溶液，乙二醇，甘油，苯酚，pH 试纸，饱和溴水，1%KI 溶液，苯，H_2SO_4，浓 HNO_3，5%Na_2CO_3 溶液，0.5% $KMnO_4$ 溶液，$FeCl_3$ 溶液。

四、实验步骤

1.醇的性质

(1) 比较醇的同系物在水中的溶解度

在四支装有相同体积的水的试管中，分别加入甲醇、乙醇、丁醇、辛醇各 10 滴，振荡观察溶解情况，如已溶解则再加 10 滴样品，再观察溶解情况，从而可得出什么结论？

(2) 醇钠的生成及水解

在一支干燥的试管加入 1 mL 无水乙醇，投入 1 小粒钠，观察现象，检验生成的气体。待金属钠完全消失后，向试管中加入 2 mL 蒸馏水，滴加酚酞指示剂，观察颜色变化并解释原因。

(3) 醇与卢卡斯（Lucas）试剂的作用

盐酸-氯化锌试剂（Lucas 试剂）的配制：将无水氯化锌在蒸发皿中加强热熔融，稍冷后在干燥器中冷至室温，取出捣碎，称取 136 g 无水氯化锌溶于 90 mL 浓盐酸中。溶解时有大量氯化氢气体和热量放出，放冷后储于玻璃瓶中，塞严，防止潮气侵入。

在 3 支干燥的试管中，分别加入 0.5 mL 正丁醇、仲丁醇、叔丁醇，再加入 2 mL Lucas 试剂，振荡，保持 26～27℃，观察 5 min 及 1 h 后混合物的变化。

(4) 醇的氧化

在试管中加入 1 mL 乙醇，滴入 1% $KMnO_4$ 2 滴，振荡，微热观察现象。以异丙醇做同样实验，观察现象。

(5) 多元醇与 $Cu(OH)_2$ 作用

用 6 mL 5% NaOH 溶液及 10 滴 10% $CuSO_4$ 溶液，配制成新鲜的 $Cu(OH)_2$。然后取 2 支试管各加入 10 滴新鲜的 $Cu(OH)_2$，分别加入乙醇、甘油各 10 滴，振摇，静置，观察现象并解释发生变化的原因。

2.酚的性质

(1) 苯酚的酸性

在试管中盛放苯酚的饱和溶液 6 mL，用玻璃棒蘸取一滴滴于 pH 试纸上检测其酸性。

(2) 苯酚与溴水作用

取 15 g 溴化钾溶于 100 mL 蒸馏水中，加入 3 mL（约 10 g）溴液，摇匀即得饱和溴水溶液。

取苯酚饱和水溶液 2 滴，用水稀释至 2 mL，逐滴滴入饱和溴水至淡黄色，将混合物煮沸 1～2 min，冷却，再加入 1% KI 溶液数滴及 1 mL 苯，用力振荡，观察现象。

(3) 苯酚的硝化

在干燥的试管中加入 0.5 g 苯酚，滴入 1 mL 浓硫酸，沸水浴加热并振荡 5 min，冷却后加水 3 mL，小心地逐滴加入 2 mL 浓 HNO_3 振荡，置于沸水浴加热至溶液呈黄色，取出试管，冷却，观察现象。

（4）苯酚的氧化

取苯酚饱和水溶液 3 mL 置于试管中，加 5% Na_2CO_3 溶液 0.5 mL 及 0.5% $KMnO_4$ 溶液 1 mL，振荡，观察现象。

（5）苯酚与 $FeCl_3$ 作用

取苯酚饱和水溶液 2 滴放入试管中，加入 2 mL 水，并逐滴滴入 $FeCl_3$ 溶液，观察颜色变化。

注意事项：

[1] 如果反应停止后溶液中仍有残余的钠，应该先用镊子将钠取出放在酒精中破坏，然后加水。否则金属钠遇水，反应剧烈，不但影响实验结果，而且易造成爆炸。

[2] Lucas 试剂又称盐酸-氯化锌试剂，可用作各种醇的鉴别和比较。含六个碳以下的低级醇均溶于 Lucas 试剂，与其作用后生成不溶性的氯代烷，使反应液出现浑浊，静置后分层明显。

[3] 苯酚与溴水作用，生成微溶于水的 2,4,6-三溴苯酚白色沉淀。

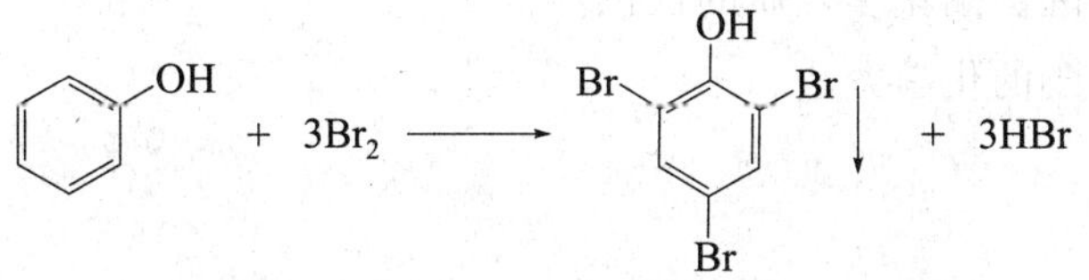

OH + $3Br_2$ ⟶ (OH, Br, Br, Br) ↓ + 3HBr

[4] 滴加过量溴水，则白色的三溴苯酚就转化为淡黄色的难溶于水的四溴化物。

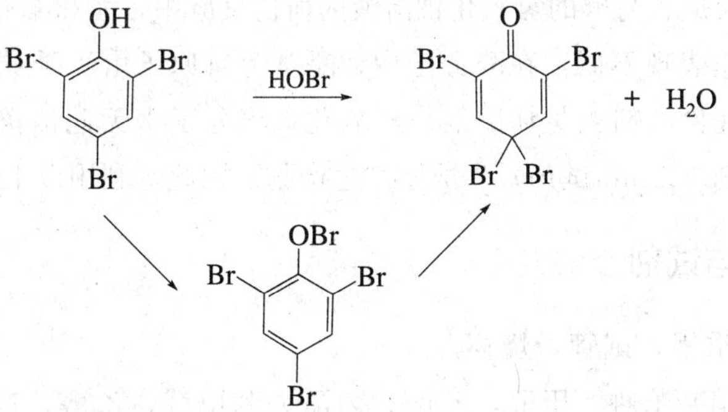

(OH, Br, Br, Br) —HOBr⟶ (O, Br, Br, Br Br) + H_2O

(OBr, Br, Br, Br)

[5] 由于苯酚中羟基的邻、对位氢易被浓 HNO_3 氧化，故在硝化前先进行磺化。利用磺酸基将邻、对位保护起来，然后用—NO_2 置换—SO_3H。因此，本实验顺利完成的关键是磺化这一步要反应较完全。

[6] 加浓 HNO_3 前溶液必先充分冷却，否则溶液会有冲出的危险。

[7] 大多数酚类或含有酚羟基的化合物能与 $FeCl_3$ 溶液发生各种特有的颜色反应。产生颜色主要原因是反应生成电离度很大的酚铁盐。

$$FeCl_3 + 6C_6H_5OH \longrightarrow [Fe(OC_6H_5)_6]^{3-} + 6H^+ + 3Cl^-$$

加入酸、乙醇或过量的 $FeCl_3$ 溶液，均能减少酚铁盐的电离度，有颜色的阴离子浓度也就相应降低，反应液的颜色就将逐渐褪去。

五、思考题

1. 用 Lucas 试剂检验伯醇、仲醇、叔醇实验的成功关键何在？对于六个碳以上的伯醇、仲醇、叔醇是否都能用 Lucas 试剂进行鉴别？

2. 与氢氧化铜反应产生绛蓝色是邻羟基多元醇的特征反应，此外，还有什么试剂能起类似的作用？

实验十三　醛和酮的性质

一、实验目的

1. 进一步加深对醛、酮化学性质的认识。
2. 掌握鉴别醛、酮的化学方法。

二、实验原理

羰基的存在使醛和酮都能发生亲核加成以及活泼氢（α-H）的卤代反应。例如在与 2,4-二硝基苯肼的亲核加成反应、与碘的氢氧化钠溶液的卤仿反应中，醛和酮有很多相似之处。但因结构上差异，化学反应表现不同：在醛分子中，醛基上氢原子由于受羰基的影响变得比较活泼，能被弱氧化剂（托伦试剂、斐林试剂）所氧化；酮分子中无此活泼氢，不易被氧化。此外，醛还能与席夫试剂（Schiff 试剂）生成紫红色产物。因此，利用以上反应均可鉴别醛与酮。

三、实验仪器与试剂

1. 仪器：恒温水浴锅，试管，烧杯。

2. 试剂：2,4-二硝基苯肼，甲醛，乙醛，丙酮，苯甲醛，乙醇，$NaHSO_3$，二苯酮，3-戊酮，氨基脲盐酸盐，醋酸钠，庚醛，3-己酮，苯乙酮，I_2，KI，异丙醇，1-丁醇，品红盐酸盐，Na_2SO_3，浓盐酸，$AgNO_3$，$NH_3 \cdot H_2O$，环己酮，柠檬酸钠，碳酸钠，硫酸铜，CrO_3，浓 H_2SO_4，丁醛，叔丁醇。

四、实验步骤

1. 醛、酮的亲核加成反应

（1）与饱和 $NaHSO_3$ 溶液加成

向 4 支试管中分别加入 2 mL 新制的饱和 $NaHSO_3$ 溶液，分别滴加 1 mL 试样，振荡，置于冰水中冷却数分钟，观察沉淀析出的相对速度。

试样：苯甲醛、乙醛、丙酮、3-戊酮。

饱和亚硫酸氢钠溶液：在 100 mL 40% 亚硫酸氢钠溶液中，加入不含醛的无水乙醇 25 mL，混合后如有少量的亚硫酸氢钠晶体析出，必须滤去。此溶液不稳定，容易被氧化和分解，因此不能保存很久，宜实验前配制。

(2) 2,4-二硝基苯肼实验

向 5 支试管中各加入 1 mL 2,4-二硝基苯肼，再分别滴加 1～2 滴试样，摇匀静置，观察结晶颜色。

试样：甲醛、乙醛、丙酮、苯甲醛、二苯酮。

2,4-二硝基苯肼溶液：取 2,4-二硝基苯肼 1 g，溶于 7.5 mL 浓硫酸中，将此酸性溶液慢慢加入 75 mL 95% 乙醇中，再加入蒸馏水稀释到 250 mL。过滤，取滤液保存于棕色瓶中。

(3) 缩氨脲的制备

将 0.5 g 氨基脲盐酸盐和 1.5 g 碳酸钠溶于 5 mL 蒸馏水中，然后分装入 4 支试管中，各加入 3 滴试样和 1 mL 乙醇摇匀。将 4 支试管置于 70℃ 水浴中加热 15 min，然后各加入 2 mL 水，移去热源，在水浴中再放置 10 min。待冷却后试管置于冰水中，用玻璃棒摩擦试管至结晶完全。

试样：庚醛、3-己酮、苯乙酮、丙酮。

2. 醛、酮的 α-H 活泼性（碘仿实验）

取 5 支试管，分别加入 1 mL 蒸馏水和 3～4 滴试样，再分别加入 1 mL 10% NaOH 溶液，滴加 $KI\text{-}I_2$ 至溶液呈黄色，继续振荡至浅黄色消失，析出浅黄色沉淀。若无沉淀，则放在 50～60℃ 水浴中微热几分钟，可补加 $KI\text{-}I_2$ 溶液，观察结果。

试样：乙醛、丙酮、乙醇、异丙醇、1-丁醇。

碘液：将 2 g 碘化钾溶于 100 mL 蒸馏水中，再加入 5 g 碘搅拌使碘溶解。

3. 醛、酮的区别

(1) 席夫（Schiff）实验

在 5 支试管中分别加入 1 mL 品红醛试剂（Schiff 试剂），然后分别滴加 2 滴试样，振荡摇匀，放置数分钟。然后分别向溶液中逐滴加入浓硫酸，边滴边摇，观察实验现象。

试样：甲醛、乙醛、丙酮、苯乙酮、3-戊酮。

Schiff 试剂：在 100 mL 热水里溶解 0.2 g 品红盐酸盐（也称碱性品红或盐基品红），放置冷却后，加入 2 g 亚硫酸氢钠和 2 mL 浓盐酸，再用蒸馏水稀释到 200 mL，即得；或者取 0.5 g 品红盐酸盐溶于 500 mL 蒸馏水中，使其全部溶解，另取 500 mL 蒸馏水通入二氧化硫使其饱和，将上述两种溶液混合均匀，静置过滤，应为无色溶液，存于密闭的棕色瓶中。

(2) 托伦（Tollen）实验

向 5 支洁净的试管中分别加入 1 mL Tollen 试剂，再分别加入 2 滴试样，摇匀，静置，若无变化，50～60℃ 水浴温热几分钟，观察实验现象。

试样：甲醛、乙醛、苯甲醛、丙酮、环己酮。

Tollen试剂：取1 mL 5%硝酸银溶液加入于一支洁净的试管中，加入1滴10%氢氧化钠溶液，然后滴加2%氨水，随加随振荡，直至沉淀刚好溶解为止。配制托伦试剂时，应防止加入过量的氨水，否则将生成雷酸银（AgONC），受热后雷酸银易引起爆炸。

(3) 铬酸实验

6支试管中分别加入1滴试样，分别加入1 mL丙酮，振荡再加入铬酸试剂数滴，边加边摇，观察实验现象。

试样：丁醛、叔丁醇、异丙醇、环己酮、苯甲醛、乙醇。

铬酸溶液：取25 g铬酸酐（CrO_3）加入25 mL浓硫酸中，搅拌直至形成均匀的浆状液，然后用75 mL蒸馏水小心稀释浆状液，搅拌，直至形成清亮的橙色溶液即可。

注意事项：

[1] 醛、酮与饱和$NaHSO_3$溶液的加成反应是可逆的，所以必须使用过量的饱和亚硫酸氢钠，以促使平衡右移。

[2] 在2,4-二硝基苯肼实验中，试样不宜加多，否则不仅是一种浪费，而且对苯腙沉淀有溶解作用，会给实验结果带来影响。在稀酸作用下，苯腙又能分解为原来的羰基化合物。颜色不同是由于醛、酮结构上的差异导致形成不同的苯腙。

[3] 醛能与席夫试剂发生加成作用形成一种紫红色的醌型染料，酮则无此反应。在所有醛与席夫试剂的加成反应中，只有甲醛反应所显示的颜色在加了硫酸后不消失。

[4] 托伦试剂只能新配，因久放将易析出具有爆炸性的黑色氮化银（Ag_3N）沉淀和雷酸银（AgONC）。反应时温度不宜过高，过高可能会生成雷酸银，切忌直接加热！

五、思考题

1.在醛和酮与氨基脲的加成反应实验中，为什么要加入乙酸钠？

2.托伦试剂为什么要在临用时才配制？托伦实验完毕后，应该加入硝酸少许，立刻煮沸洗去银镜，为什么？

3.如何用简单的化学方法鉴定下列化合物？

环己烷　环己烯　环己醇　苯甲醛　丙酮

实验十四　从茶叶中提取咖啡因

一、实验目的

1.学习从茶叶中提取咖啡因的基本原理和方法，了解咖啡因的一般性质。

2. 掌握用索氏提取器提取有机物的原理和方法。

3. 掌握用恒压滴液漏斗代替索氏提取器提取有机物的原理和方法。

4. 进一步熟悉萃取、蒸馏、升华等基本操作。

二、实验原理

液-固萃取是利用溶剂对固体混合物中所需成分的溶解度大而对杂质的溶解度小来达到提取分离目的的方法。液-固萃取方法一般有两种：一种方法是把固体物质长期浸泡于溶剂中而达到萃取的目的，但是这种方法时间长，消耗溶剂，萃取效率也不高。另一种是采用索氏提取器的方法，利用溶剂的回流和虹吸原理，对固体混合物中所需成分进行连续提取。当提取筒中回流下的溶剂的液面超过索氏提取器的虹吸管时，提取筒中的溶剂流回圆底烧瓶内，即发生虹吸。随温度升高，再次回流开始，每次虹吸前，固体物质都能被纯的热溶剂所萃取，溶剂反复利用，缩短了提取时间，萃取效率较高。

用恒压滴液漏斗代替索氏提取器，其装置简便、易操作，并实现了平衡状态下的连续萃取，提高了提取效率，缩短了实验时间，且现象明显。

本实验利用索氏提取法从茶叶中提取咖啡因。茶叶中含有多种生物碱，其中以咖啡碱（咖啡因，caffeine）为主，约占1%～5%，另外还含有单宁酸（又名鞣酸）、没食子酸、色素、纤维素、蛋白质等。咖啡碱是杂环化合物嘌呤的衍生物，具有刺激心脏、兴奋大脑神经和利尿等作用，其结构式和化学名称如下：

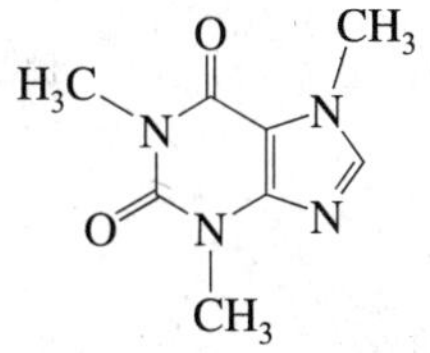

1,3,7-三甲基-2,6-二氧嘌呤

含结晶水的咖啡碱为无色针状结晶，能溶于氯仿、水、乙醇、苯等。在100℃时失去结晶水并开始升华，至178℃升华很快。据此，可先用适当溶剂从茶叶中进行提取，再用升华法加以提纯。

三、实验仪器与试剂

1. 仪器：索氏提取器，恒压滴液漏斗，150 mL圆底烧瓶，球形冷凝管，电热套，升降台，玻璃漏斗，100℃温度计，直形冷凝管，蒸馏头，锥形瓶，量筒，尾接管，蒸发皿，刮刀，滤纸，天平，大头针、玻璃棒，研钵，试管。

2. 试剂：茶叶，乙醇（95%），5%单宁酸溶液，30% H_2O_2 溶液生石灰粉，沸石。

四、实验步骤

1. 萃取法提取粗咖啡因

（1）方法一：索氏提取器提取粗咖啡因

用滤纸制作圆柱状滤纸筒，称取 10 g 茶叶，用研钵捣成茶叶末，装入滤纸筒中，将开口端折叠封住，放入提取筒中。将 150 mL 圆底烧瓶安装于电热套上，放入 2～3 粒沸石，量取 95%乙醇 100 mL，从提取筒中倒入烧瓶，安装好索氏提取装置（如图 3-14 所示）。然后打开电源，加热回流 1～2 h。

实验时能够观察到，随着回流的进行，当提取筒中回流下的乙醇液的液面稍高于索氏提取器的虹吸管顶端时，提取筒中的乙醇液发生虹吸并全部流回到烧瓶内。然后再次回流、虹吸，记录虹吸次数。当提取筒中提取液颜色变得很浅时，说明被提取物已大部分被提取。此时可停止加热，移去电热套，冷却提取液。

拆除索氏提取器（若提取筒中仍有少量提取液，倾斜使其全部流到圆底烧瓶中），安装常压蒸馏装置，在提取液中放入 2 粒沸石，进行蒸馏，浓缩提取液并回收乙醇，直至烧瓶中剩余约 10～15 mL 提取液。

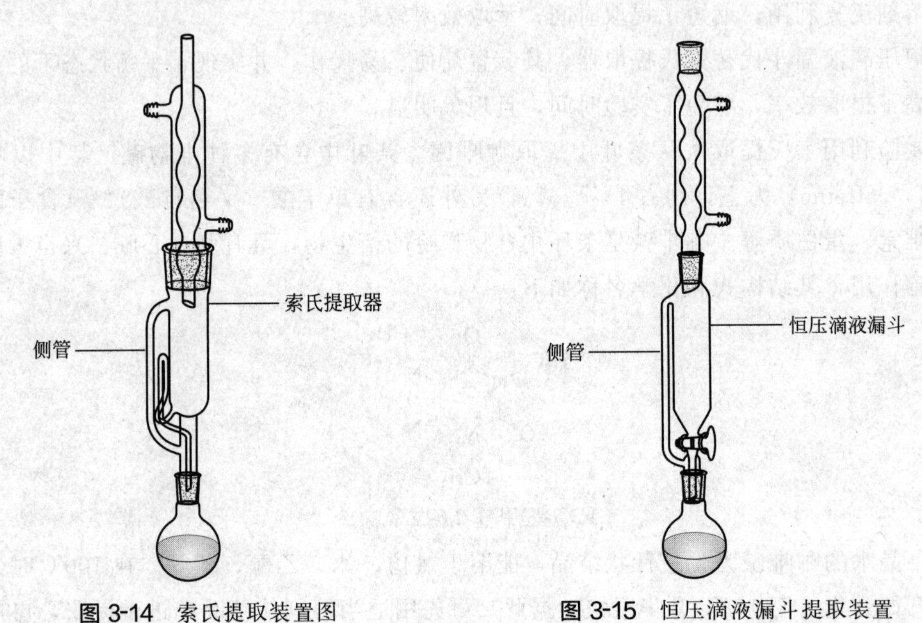

图 3-14　索氏提取装置图　　图 3-15　恒压滴液漏斗提取装置

（2）方法二：用恒压滴液漏斗代替索氏提取器

在 150 mL 圆底烧瓶中加 2 粒沸石，再称取 10 g 未粉碎茶叶放入恒压滴液漏斗中，按图 3-15 搭建好提取装置，量取 95%乙醇 100 mL，从恒压滴液漏斗中倒入烧瓶，旋开恒压滴液漏斗活塞，让乙醇慢慢流完后，关闭活塞，通入冷凝水，然后用电热套加热。当乙醇沸腾后，用升降台调节电热套的高度，以使冷凝管内上升的乙醇气流不超过冷凝管长度的 1/3，以有缓缓的液滴滴下为好。当看到烧瓶内乙醇量较少时（此时恒压滴液漏斗内的乙醇液面已高出茶叶液面很多），旋开活塞放出乙醇。放完后关闭活塞。如此连续提取。乙醇提取液为无色或茶叶为淡黄色时停止提取，大约需要 1.5 h。

拆除恒压滴液漏斗，安装常压蒸馏装置，在提取液中放入 2 粒沸石，进行蒸馏，浓缩提取液并回收乙醇，至烧瓶中剩余约 10～15 mL 提取液。

2. 升华法纯化咖啡因

将烧瓶中的浓缩液倒入蒸发皿中，以少量乙醇洗涤圆底烧瓶壁上附着的提取物，将提取物转移完全后，在蒸发皿中加入 4 g 生石灰，搅拌混合物使其成糊状，将蒸发皿放在电热套上，用低电压（60～80 V）慢慢加热继续除去提取溶剂，同时不断搅拌，混合物逐渐黏稠后变硬、变干，最好一边搅拌一边用小勺碾碎固体，使之呈松散的绿色粉末状，停止加热，用坩埚钳将蒸发皿取下。蒸发皿稍微冷却后，用滤纸擦去蒸发皿上的粉末，在蒸发皿上铺一张滤纸（滤纸的直径大于蒸发皿，被玻璃漏斗罩住的圆形范围内用大头针扎有许多小孔，毛面向上），再在上面罩上一个干燥的玻璃漏斗（玻璃漏斗直径与蒸发皿大小相配，在颈部塞一团疏松的棉花），如图 3-16 所示。用低电压（80～100 V）慢慢加热升华，当漏斗内壁有水珠出现时，说明咖啡因开始脱水，滤纸上小孔周围出现白色结晶，当结晶不再增长时，说明升华完全。停止加热，冷却至 100℃左右，揭开漏斗，小心取下滤纸，用刮刀轻轻刮取咖啡因结晶至称量纸上。如果蒸发皿中还有残余的未升华的结晶，可以换第二张滤纸，再次重复以上操作继续进行升华。合并所得咖啡因结晶，称重，计算提取率。

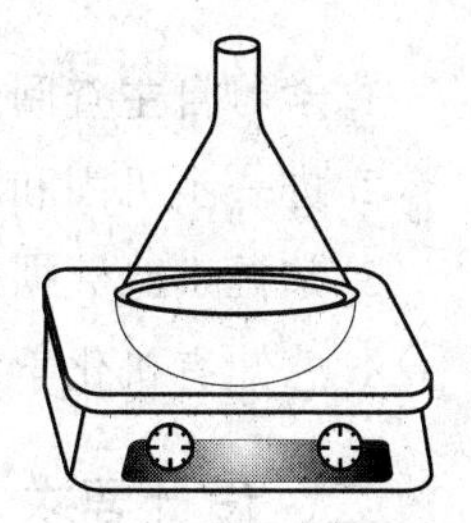
图 3-16 升华装置

3. 咖啡因的鉴定

（1）与生物碱试剂

取咖啡因结晶的一半于小试管中，加 4 mL 水，微热，使固体溶解。装于 1 支试管中，一支加入 1～2 滴 5%单宁酸溶液，记录现象。

（2）氧化

在表面皿剩余的咖啡因中，加入 30% H_2O_2 溶液 8～10 滴，置于水浴上蒸干，记录残渣颜色。再加一滴浓氨水于残渣上，观察并记录颜色有何变化。

注意事项：

[1] 滤纸包茶叶末时要严防漏出而堵塞虹吸管，滤纸筒高度不得超过虹吸管，大小既要紧贴器壁又要能方便放置。

[2] 生石灰起吸水和中和作用，以除去部分杂质。

[3] 粗咖啡因中的水分必须除完全之后，才能进行升华操作，否则留有的少量水分会在下一步升华开始时带来一些烟雾。

[4] 加热温度是升华操作成功的关键，升华过程中始终都应严格控制加热温度，温度太高，会发生炭化，影响结晶颜色，升华温度一定要控制在固体化合物熔点以下。

[5] 再升华是为了使升华完全，此过程也要严格控制加热温度。

五、思考题

1. 本实验使用索氏提取器和恒压滴液漏斗各有什么优点？
2. 本实验哪些操作步骤会影响制得咖啡因的产率及纯度？
3. 如何判断升华终点？如何判断所制得的咖啡因结晶的纯度？

实验十五　邻苯二甲酸二丁酯的制备（设计性实验）

一、实验目的

1.学习自主查阅文献，设计实验路线方案。

2.进一步巩固和加强基础有机化学实验的知识和操作。

3.掌握实验数据的正确处理方法。

4.感知有机化学实验的知识和操作在实际研究对象中的综合和灵活应用。

二、设计要求

1.学生在查阅相关文献的基础上，完成一篇有关邻苯二甲酸二丁酯制备的综述，在综述中提出自己合成邻苯二甲酸二丁酯的设计路线。

2.合成方法应简便易行，原料易得。

3.根据实验室现有条件设计鉴定方法。

4.设计的实验方案应包括：实验目的、实验原理、实验仪器与试剂、实验步骤、注意事项等。

5.实验完成后，根据实验数据，予以全面分析，找出影响实验的因素并以小论文的形式完成实验报告。

三、设计性实验教学的具体运行方式

选题→查文献→写综述→集体讨论，确定实验方法→拟定实验方案→实验准备→实验→总结→写论文。

四、实验内容

不同条件（催化剂、反应时间、反应温度）下以邻苯二甲酸酐和正丁醇为原料合成邻苯二甲酸二丁酯。

第四章 物理化学实验

实验一　计算机联用测定无机盐的溶解热

一、实验目的

1. 学会使用量热计测定 KNO_3 的积分溶解热。
2. 掌握量热实验中温差校正方法。
3. 掌握计算机联用测量溶解过程动态曲线的方法。

二、实验原理

盐类的溶解过程通常包含晶格破坏和离子溶剂化两个过程。其中，晶格破坏为吸热过程，离子溶剂化为放热过程，且两个过程同时进行。因此，盐溶解过程是这两种热效应的总和，这两种热效应的相对大小决定了其溶解是吸热或放热过程。常用的积分溶解热是指在等温等压下，将 1 mol 溶质溶解于一定量溶剂中形成一定浓度溶液的热效应。

溶解热可采用具有良好绝热层的量热计测定。在恒压条件下，由于量热计为绝热系统，溶解过程所吸收的热或放出的热全部由系统温度的变化反映出来。为求溶解过程的热效应，进而求得积分溶解热（即焓变 ΔH），可根据盖斯定律将实际溶解过程设计成两步进行（如图 4-1 所示）。

由图 4-1 可知，根据盖斯定律，恒压下焓变 ΔH 为两个过程焓变 ΔH_1 和 ΔH_2 之

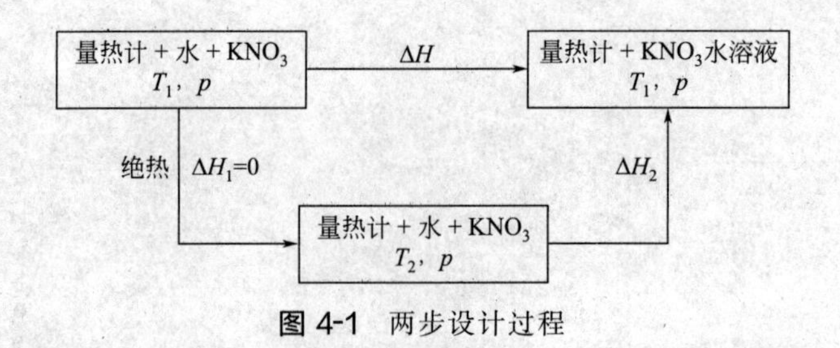

图 4-1 两步设计过程

和，即：

$$\Delta H=\Delta H_1+\Delta H_2 \tag{4-1}$$

因量热计为绝热系统，则

$$Q_p=\Delta H_1=0 \tag{4-2}$$

所以，在 T_1 温度下溶解的恒压热效应 ΔH 为：

$$\Delta H=\Delta H_2=K(T_1-T_2)=-K(T_2-T_1)=-K\Delta T_{溶解} \tag{4-3}$$

式中，K 为量热计与 KNO_3 水溶液所组成的系统的总热容量；T_2-T_1 为 KNO_3 溶解前后系统温度的变化值 $\Delta T_{溶解}$。

设将质量为 m 的 KNO_3 溶解于一定体积的水中，KNO_3 的摩尔质量为 M，则在此浓度下 KNO_3 的积分溶解热为：

$$\Delta_{sol}H_m=\Delta HM/m=-K\Delta T_{溶解}M/m \tag{4-4}$$

式中，K 值可由电热法求取。

在同一实验中，采用电加热方式提供一定热量 Q，且测得系统的升高温度为 $\Delta T_{加热}$，则有：

$$K\Delta T_{加热}=Q \tag{4-5}$$

若加热电压为 U，通过电热丝的电流强度为 I，通电时间为 τ，则

$$Q=UI\tau \tag{4-6}$$

根据上两式可得

$$K\Delta T_{加热}=Q=UI\tau \tag{4-7}$$

即

$$K=UI\tau/\Delta T_{加热} \tag{4-8}$$

然而，实验中除了溶解热或电加热以外，搅拌也会提供一定热量，且系统也并不是完全严格绝热。因此，在盐溶解过程或电加热过程中，都会引入微小的额外温差。为了消除这些额外温差的影响，真实的 $\Delta T_{溶解}$ 与 $\Delta T_{加热}$ 可采用外推法求取（如图 4-2 所示，以电加热过程曲线为例说明）。

如图 4-2 所示，其为电加热过程的温度-时间（T-τ）曲线。其中，T_B 和 T_C 分别为通电开始时温度和通电后的直线段的最初温度；AB 线和 CD 线的斜率分别表示在电加热前后因搅拌和散热等热交换而引起的温度变化速率（可通过分段拟合直线，求取 AB 线和 CD 线的斜率）。那么，真实的 $\Delta T_{加热}$ 必须在 T_B 和 T_C 两温度间进行校正，消去搅拌和散热等引

起的温度变化影响。为简便考虑，设加热集中在加热前后的平均温度 T_E 下瞬间完成（即 T_B 和 T_C 两温度的中点温度），在 T_E 前后由搅拌或散热而引起的温度变化率即为 AB 线和 CD 线的斜率。将 AB、CD 直线分别外推到与温度 T_E 对应的横坐标垂线相交得到 F、G 两交点，过 B 点和 C 点作平行于横坐标的直线交于 FG 垂线分别为 M 点和 N 点。显然，FM 段与 GN 段所对应的温度差值，即为 T_E 前后因搅拌和散热所引起的温度变化的校正值，则真实的 $\Delta T_{加热}$ 应为 F 与 G 两点所对应的温度 T_G 与 T_F 之差。溶解热过程的真实 $\Delta T_{溶解}$ 可参照电加热过程的真实 $\Delta T_{加热}$ 校正方法进行处理。

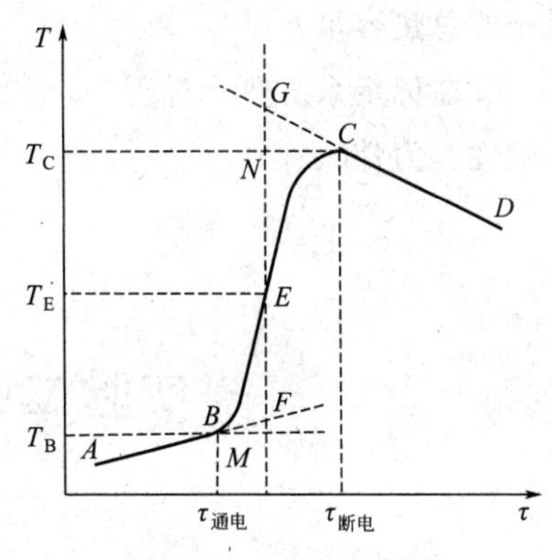

图 4-2 外推法作图求 $\Delta T_{加热}$（电加热过程曲线）

三、实验仪器与试剂

1. 仪器：量热计，磁力搅拌器，直流稳压电源，半导体温度计，信号处理器，电脑，分析天平。

2. 试剂：去离子水，分析纯 KNO_3（干燥）。

四、实验步骤

① 用量筒量取 100 mL 去离子水，倒入量热计中并测量水温。

② 利用分析天平称取 2.7～2.9 g 干燥过的 KNO_3。

③ 先打开信号处理器、直流稳压器，打开电脑，点击测试软件进入实验操作界面，按照仪器操作说明设置相关参数，输入相关信息。

④ 当系统提示“装入试样”后，立即装入待测试样。

⑤ 等待测试结果，注意观察数据变化。

⑥ 测试完毕，保存测试结果。

五、数据处理

1. 分别对盐溶解过程和电加热过程的温度和时间关系作图，采用外推法求取真实的 $\Delta T_{加热}$ 与 $\Delta T_{溶解}$。

2. 计算系统总热容量 K。

3. 计算 KNO_3 的积分溶解热 $\Delta_{sol}H_m$。

六、思考题

1. 盐的溶解热与哪些因素有关？

2. 为什么要用作图法求得 $\Delta T_{溶解}$ 与 $\Delta T_{加热}$？如何求得真实的 $\Delta T_{溶解}$ 与 $\Delta T_{加热}$？

3. 本实验如何测定系统的总热容量 K？若采用先加热后加盐的一步法是否也可以测定

系统的总热容量？

4.在标定系统热容过程中，如果加热电压过大或加热时间过长，是否会影响实验结果的准确性？为什么？

实验二 有机物燃烧热的测定

一、实验目的

1.学会使用氧弹式量热计测定物质的恒容燃烧热。

2.掌握氧弹式量热计的构造、原理和使用方法。

3.掌握有关热化学实验中总热容量标定与温差校正方法。

二、实验原理

物质的燃烧热是指 1 mol 物质在氧气中完全燃烧时所释放出的热量。若燃烧在恒容条件下进行，则称为恒容燃烧热（Q_V）；若在恒压条件下进行燃烧，则称为恒压燃烧热（Q_p）。本实验采用氧弹式量热计测量燃烧热，在恒定体积的氧弹式量热计中进行（如图 4-3、图 4-4 和图 4-5 所示），故实验所测燃烧热为恒容燃烧热。

图 4-3 氧弹体外形图

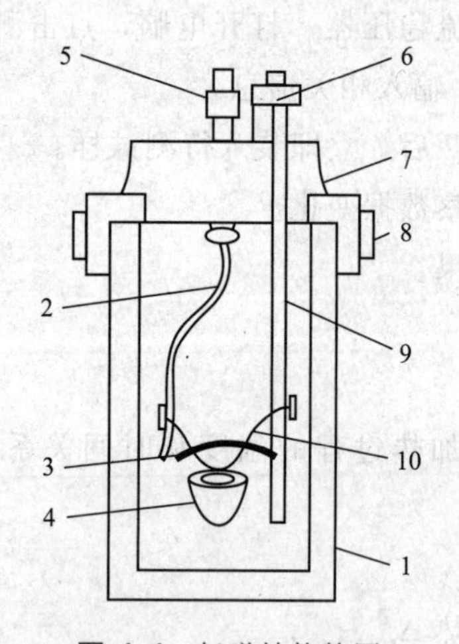

图 4-4 氧弹结构简图

1—弹体圆筒；2—金属支架；3—燃烧挡板；

4—坩埚；5—电极；6—充放气阀；7—橡皮垫圈；

8—弹盖；9—进出气管；10—燃烧丝

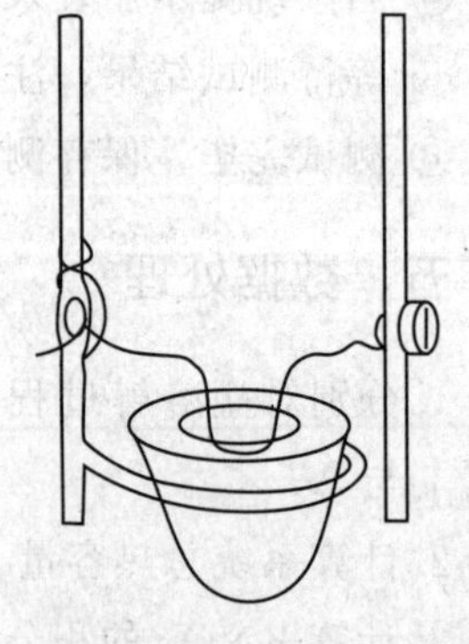

图 4-5 燃烧丝安装示意图

恒容燃烧热 Q_V 可利用如下公式计算：

$$Q_V = -CM\Delta T/m \tag{4-9}$$

式中，$\Delta T = T_2 - T_1$，为燃烧前后系统温度的变化；m、M 分别为被测物质的质量与摩尔质量；C 为系统的总热容；负号是因为物质的燃烧热为负值（燃烧是一个放热过程，在热力学中，放出热量取负号）。

然而，实验装置难以做到完全绝热，故实际测定时需对所测得的 ΔT 进行校正。另外，实际使用中应用更多的是恒压燃烧热 Q_p，可通过恒压燃烧热 Q_p 与恒容燃烧热 Q_V 之间的关系求出 Q_p，其关系式为

$$Q_p = Q_V + \Delta nRT \tag{4-10}$$

式中，Δn 为燃烧前后气体物质的量的变化。严格来说，物质的燃烧热是温度的函数，与温度有关，但当温度变化不是很大时，可近似认为是常数。

如前所述，恒容燃烧热的计算公式为 $Q_V = -CM\Delta T/m$，但这个计算式没有考虑系统与环境间的热交换、燃烧丝燃烧放出的热量等影响。因此，需进一步精确计算，其精确计算公式为

$$Q_V = (-C\Delta T_{真实} - gb)M/m \tag{4-11}$$

式中，$\Delta T_{真实}$ 为考虑系统与环境热交换的真实温度差值（如图 4-6 所示）；g 为燃烧丝的燃烧热（镍铬丝为 $-1400\ \mathrm{J \cdot g^{-1}}$）；$b$ 为燃烧掉的燃烧丝质量（需准确测量或转化为长度测量）。

整个过程包括了开始吸热及后来散热的综合影响，因此引起系统的温度变化需考虑两部分的影响，需要通过温度校正方法得到真实的温差值 $\Delta T_{真实}$。关于系统温升 $\Delta T_{真实}$ 的校正可参照图 4-6 的温度-时间（T-t）曲线加以说明。如图 4-6 所示，点 B 对应温度为初期末温度（即点火前的温度），点 C 对应温度为末期开始时温度（即末期直线段开始温度），点 E 温度为点 B 温度和点 C 温度的中间点温度（即点 E 为点 B 和点 C 纵坐标的中间点与温度-时间曲线的交点）。过点 E 作横坐标的垂线，分别交于 AB 和 CD 线性拟合的延长线于点 F 和点 G；点 M、点 N 分别为过点 B 和点 C 平行于横坐标交于垂线 FG 的点。点 B、点 C、点 F、点 G、点 M 和点 N 对应的温度分别为 T_B、T_C、T_F、T_G、T_M 和 T_N，则真实的 ΔT（$\Delta T_{真实}$）可由下式计算：

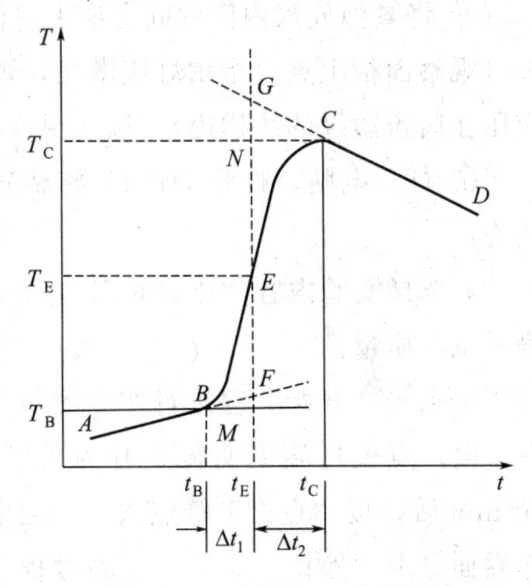

图 4-6　温度校正示意图

$$\Delta T_{真实} = T_C - T_B + (T_G - T_N) - (T_F - T_M) \tag{4-12}$$

本实验采用数显式氧弹量热计测量燃烧热，通过控制可自动点火和熄火，通过测量控制接口，可采集和记录燃烧初期、主期、末期的温度。经过数据处理和温度校正后，可获得真实的 ΔT，并可计算得到实验结果。

三、实验仪器与试剂

1. 仪器：HR-15 数显氧弹式量热计。

2. 试剂：苯甲酸，萘，镍铬丝，氧气，去离子水，冰。

四、实验步骤

1. 用标准苯甲酸标定量热计的热容量 C

① 称量约 1 g 干燥的苯甲酸，采用压片机压成片状，然后取下片状样品，再次准确称量片状样品的质量。

② 将压成片状的苯甲酸样品放入坩埚内，然后将坩埚放在氧弹金属支架的环上（如图 4-5 所示）。

③ 截取 10 cm 镍铬丝，将其两端分别接在氧弹内的两个电极上，且镍铬丝尽量紧密接触片状样品，但不可触及坩埚。

④ 拧紧氧弹盖，接上充氧器，往氧弹中缓缓充入氧气，充氧时间不少于 30 s，直至氧弹内压力到达 1.0～2.0 MPa。完成后将氧弹浸没在水中，检查是否漏气。

⑤ 往量热计内筒中加入 3000 mL 自来水（隔夜存放），调节内筒水温，使内筒水温比外筒水温低 0.7～1.0℃（可通过加冰方式降低温度），再将内筒平稳地放在外筒的绝缘架上。

⑥ 将氧弹放入内筒的固定座上（注意每次实验应保持相同位置），然后接上点火电极插头（观察面板上点火指示灯应微亮，否则表示点火线未接通），再盖上筒盖（注意：点火线应压在筒盖边缘的线槽内），插入温度传感器，开动搅拌器（面板搅拌指示灯亮）。

⑦ 打开电脑，打开 HR-15 数显氧弹式量热计测试软件，进行测试内容设置。设置方法为：

a. 选择实验内容“热容测定”，并输入苯甲酸标准燃烧热发热量值 26446，输入试样编号及试样质量。

b. 点击“开始”键进行实验测量。实验分为初期、主期、末期三个阶段。点火前为初期阶段，点火后温度明显上升为主期阶段，达到最高温度后为末期阶段。开始测量大约 10 min 后，按“点火”键点火；当温度达到最高值后，继续测量大约 10 min，再在软件操作界面点击“停止”实验。实验过程中注意观察温度变化情况，特别是点火后的温度变化（若点火成功，则温度明显升高；否则，点火不成功，需检查点火失败的原因，并重新实验）。

⑧ 测量完毕，停止搅拌，取出温度传感器插入外筒内，打开筒盖，拔下点火电极插头，取出氧弹，用放气帽按下放气阀，使气体缓缓放出至常压。

⑨ 实验完毕，氧弹筒体及所有的内件必须冲洗干净，并用干毛巾擦干。

2. 测定萘的恒容燃烧热

① 准确称量约 0.7 g 萘，采用压片机压片后，再准确称量萘片的质量。

② 按上述热容量 C 的测定完成实验步骤②～⑨。其中，软件界面进行相关设置，并输入相关数据：

a. 输入样品质量（g）。

b. 输入仪器热容量 C，进行测试内容设置（选择实验内容“发热量测定”）。

五、数据处理

1. 已知苯甲酸的恒容燃烧热为 $-26446\ J \cdot g^{-1}$，计算本实验量热计的总热容量 C。

2. 计算萘的恒容燃烧热 Q_V 和恒压燃烧热 Q_p。

六、思考题

1. 为什么量热计中内筒的水温应调节得略低于外筒的水温？

2. 在标定热容量和测定燃烧热时，量热计内筒的水量是否可以改变？为什么？

3. 为什么在数据处理时需要计算真实的温差值？怎样计算？

4. 实验中，存在哪些实验误差？计算过程中，如何考虑？

实验三　差热分析

一、实验目的

1. 了解热分析的基本原理。

2. 掌握差热曲线的分析方法。

3. 测定指定物质的差热曲线及各特征温度。

二、实验原理

1. 热分析

热分析是在程序控制温度下测量物质的物理性质与温度的关系的一类技术。物质在一定特征温度下发生化学变化或物理变化（如脱水、晶型转变、热分解等）时，伴随着热效应产生，从而造成被研究物质与周围环境的温差。差热分析（DTA）就是利用这种温差进行分析，是热分析方法的一种。此温差及相应的特征温度，可用以鉴定物质或研究其有关的物理化学性质。

为对待测样品进行差热分析，将其与热稳定性良好的参考物一同置于温度均匀的电炉中以一定的速率升温。这种参考物（如 SiO_2、Al_2O_3）在整个实验温度范围内不发生任何物理和化学变化，因而不产生任何热效应。因此，当样品没有热效应产生时，它和参考物温度相同，两者的温差 $\Delta T=0$；当样品产生吸热（或放热）效应时，传热速率的限制，就会使样品与参考物温度不一样，即两者的温差 $\Delta T \neq 0$。若以温差 ΔT 对参考物温度 T 作图，可得差热曲线图（如图 4-7、图 4-8 所示）。当 $\Delta T=0$ 时，是一条水平线（基线）；当样品放热时，出现峰状曲线（即 $\Delta T>0$）；当样品吸热时，则出现方向相反的峰状曲线（即 $\Delta T<0$）。热效应结束后温差消失，又重新出现水平线（即 $\Delta T=0$）。这些峰的起始温度与物质的热性质有关，峰状曲线与基线围起来的面积大小则对应该过程热效应的大小。

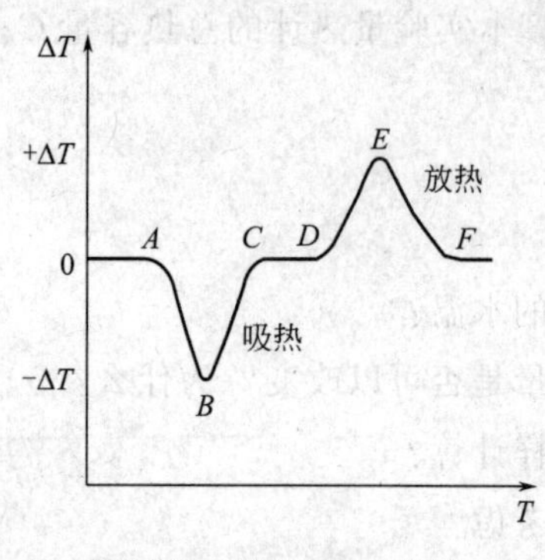

图 4-7 理想 DTA 曲线

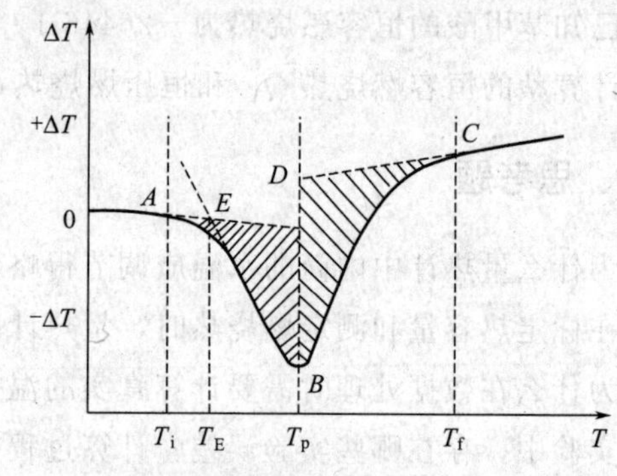

图 4-8 实际 DTA 曲线

差热峰的面积与过程的热效应成正比，即：

$$\Delta H=\frac{K}{m}\int_{t_1}^{t_2}\Delta T\,\mathrm{d}t=\frac{K}{m}A \tag{4-13}$$

式中，m 为样品的质量；ΔT 为温差；t_1、t_2 为峰的起始时刻与终止时刻；$\int_{t_1}^{t_2}\Delta T\mathrm{d}t$ 为差热峰的面积 A；K 为仪器参数，与仪器特征及测定条件有关。同一仪器测定条件相同时 K 为常数，所以可用标定法求得。即用一定量已知热效应的标准物质，在相同的实验条件下测得其差热峰的面积，由公式求得 K 值。本实验利用已知熔化焓的 Sn（$\Delta H_m=60.67\ \mathrm{J\cdot g^{-1}}$）峰面积，可用图解积分法计算或直接用求积仪求得。

2. 温差 ΔT 的测量

使用两对相同型号的热电偶同极串联组成一个温差热电偶进行温差测量。实验时，将其中一热端插入装有参考物的样品管中，将另一热端插入装有样品的样品管中，引出的两端接在自动记录仪（或电位差计）上。当两端温度相同时，由于两对热电偶热电势方向相反、大小相等，所以输出电势为零，记录仪的记录笔走在基线上。在样品产生热效应时，两管中出现温差而产生电势差，使记录笔发生偏转。在实验的温度变化范围有限的情况下，记录笔偏移的距离可认为与 ΔT 成线性关系。

3. DTA 曲线

在实际测量时，由于样品与参比物的比热容、导热系数、粒度、装填情况等不可能完全相同，因此差热曲线的基线不一定与时间轴平行，峰前后基线也不一定在同一条直线上。如图 4-8 所示，A 点相应的温度称为起始温度（T_i），B 点相应的温度称为峰顶温度（T_p），C 点相应温度称为终止温度（T_f），T_f-T_i 称为峰宽。峰顶与内插基线的距离 BD 称为峰高。在 AB 段，峰的前沿最大斜率点的切线与基线延长线交点 E 的相应温度称为外延起始温度。外延起始温度比峰顶温度更接近于热力学平衡温度，可作为表征反应的开始温度。因此，峰起始温度通常是指外延起始温度，即以基线延长线与峰的前沿最大斜率点切线的交点所对应的温度（如图 4-8 中 E 点对应温度）。实践证明，采用外推法确定的此特征温度重复性较好。温度的具体数值应在实验条件下采用国际热分析协会推荐的标准物（如苯甲酸、Sn 等）进行标定。在确定了峰的起点和终点后，再确定峰面积（图 4-8 中阴影部分）。

差热分析仪的各主要部件如图 4-9 所示。

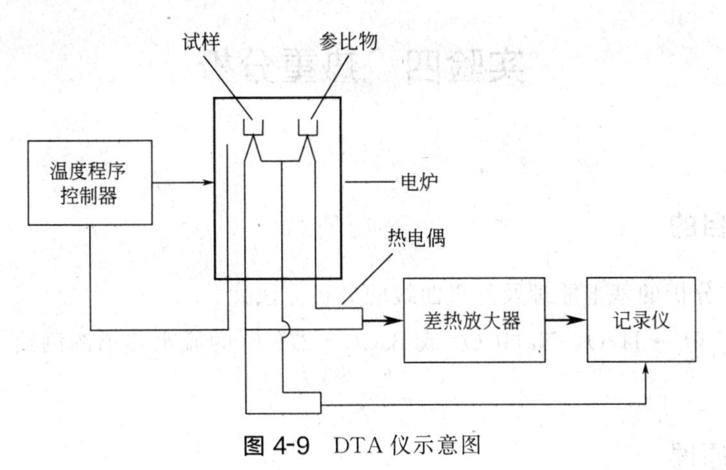

图 4-9　DTA 仪示意图

三、实验仪器与试剂

1. 仪器：热分析电炉，CKW-1000 系列温度控制仪，XWT 系列台式自动平衡双笔记录仪。

2. 试剂：$CaC_2O_4 \cdot H_2O$，参考物 Al_2O_3，标准物 Sn。

四、实验步骤

① 熟悉综合热分析仪的基本结构和操作使用方法，熟悉操作软件的使用方法。

② 根据指定的实验样品，设计控温程序，包括开始温度、升温速率、终止温度、保温时间、气体流速等。

③ 根据设计的控温程序运行控温程序，按照仪器操作说明对样品进行热分析操作，实时采集数据，并在电脑上观察有关参数及绘出的曲线。

④ 控温程序结束后，让加热炉降温。

⑤ 处理数据，保存有关数据或打印图谱。

五、数据处理

1. 记录实验条件，采用外推法从各差热曲线上确定起始反应温度。

2. 计算此实验获得的差热峰面积和热效应。

六、思考题

1. 差热分析中升温速率过快或过慢对实验有什么影响？

2. 为什么要通过外推法确定特征温度？

3. 如果升温过程中没有发生化学变化，是否也可通过差热分析法分析物质性质？

4. 简述差热分析的特点及局限性。

实验四　热重分析

一、实验目的

1. 了解热重分析的基本原理及热重曲线的分析方法。

2. 掌握 $CaC_2O_4 \cdot H_2O$、$NaHCO_3$ 或 $BaCl_2 \cdot 2H_2O$ 的脱水热谱图测绘方法，并能定量解释。

二、实验原理

热重法（TG）是在程序控制温度的条件下测量物质的质量与温度的关系的一种技术。当样品在程序升温过程中发生脱水、氧化或分解时，其质量就会发生相应的变化。通过热电偶和热天平，记录样品在程序升温过程中的温度 T 和相对应的质量 m，并将此对应关系绘制成图，即得到该物质的热重谱线图（如图 4-10 所示）。仪器装置示意图如图 4-11 所示。

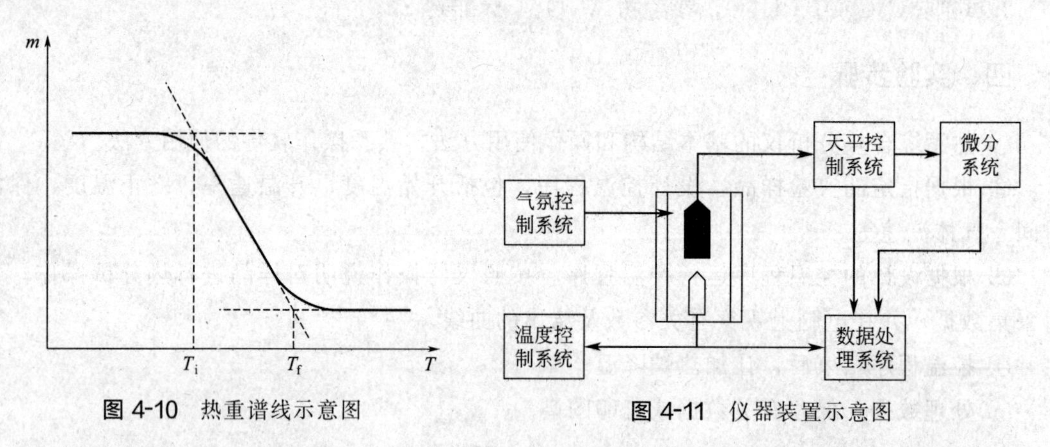

图 4-10　热重谱线示意图　　图 4-11　仪器装置示意图

在理想的实验情况下，图中 T_i 应该是样品的质量变化达到天平开始感应的最初温度，同样 T_f 是样品质量变化达到最大值时的温度。图线的形状、T_i 和 T_f 的值主要由物质的性质所决定，但也与设备及操作条件（如升温速率等）有关。在实验中由于样品的预处理状况、热分析炉的结构、炉内外气氛对流等因素的影响，T_i、T_f 往往不易确定，故采用如图 4-10 所示外推法得到（通过拟合直线得到相交点）。根据质量变化的百分数及相应温度，可以得到物质在一定温度区间内反应特性以及热稳定性等信息，以推测其组成等。因此，热重法与差热分析一样，也是热分析的有力工具之一。

本实验分别测试 $CaC_2O_4 \cdot H_2O$、$NaHCO_3$ 或 $BaCl_2 \cdot 2H_2O$ 在加热过程中发生分解反应时质量的变化，测求其脱水温度和分解反应温度，并验证如下反应步骤：

$$CaC_2O_4 \cdot H_2O \longrightarrow CaC_2O_4 + H_2O$$

$$CaC_2O_4 \longrightarrow CaCO_3 + CO$$

$$CaCO_3 \longrightarrow CaO + CO_2$$

$$2NaHCO_3 \longrightarrow Na_2CO_3 + CO_2 + H_2O$$

$$BaCl_2 \cdot 2H_2O \longrightarrow BaCl_2 \cdot H_2O + H_2O$$

$$BaCl_2 \cdot H_2O \longrightarrow BaCl_2 + H_2O$$

需要注意的是，热重谱图上的温度应该用国际热分析协会推荐的标准物质相变温度进行标定。

三、实验仪器与试剂

1. 仪器：电子天平（精度 0.1mg），热重分析仪，CKW-1000 系列温度控制仪。

2. 试剂：$CaC_2O_4 \cdot H_2O$（分析纯），$BaCl_2 \cdot 2H_2O$（分析纯），$NaHCO_3$（分析纯）。

四、实验步骤

① 按照仪器操作说明准备好设备，在天平右臂挂好坩埚，调节天平到平衡位置，并记下读数。

② 取下空坩埚，称取 0.10 g 左右的 $CaC_2O_4 \cdot H_2O$ 放在其中，轻轻振动，使之自然堆积。然后将坩埚仍挂回天平右臂上，使其垂直地置于电炉的恒温区域之中。

③ 把测温热电偶插入电炉，使热电偶的热端尽量接近坩埚，并接好温度控制仪。

④ 设置好控制程序，控制温度升高速度为 5 ℃ · min^{-1} 左右。

⑤ 设置数据采集频率，直到 800℃为止。

⑥ 按上述步骤测量 $NaHCO_3$ 的反应温度与失重量。

⑦ 按上述步骤测量 $BaCl_2 \cdot 2H_2O$ 的两次反应温度与失重量。

五、数据处理

1. 记录实验条件，列表记录测定数据。

2. 以天平读数为纵坐标、温度为横坐标，分别作 $CaC_2O_4 \cdot H_2O$、$NaHCO_3$ 或 $BaCl_2 \cdot 2H_2O$ 的失重热谱图。

3. 用外推法求出 $CaC_2O_4 \cdot H_2O$、$NaHCO_3$ 或 $BaCl_2 \cdot 2H_2O$ 的分解反应的起始温度 T_i 和结束温度 T_f。

4. 验证 $CaC_2O_4 \cdot H_2O$、$NaHCO_3$ 或 $BaCl_2 \cdot 2H_2O$ 的失重量与化学反应式中的计量关系。

六、思考题

1. 热重分析中升温速率过快或过慢对实验有什么影响？

2. 简述热重分析的特点及其局限性？

3. 测得的温度是否准确，如何校正？

实验五　凝固点降低法测溶质的摩尔质量

一、实验目的

1. 测定环己烷的凝固点降低值，计算萘的摩尔质量。

2. 掌握溶液凝固点的测定技术。

二、实验原理

含有一定量溶质的稀溶液冷却时，发生凝固，析出纯固体溶剂，此时析出纯固体溶剂的温度即为溶液的凝固点。相比于纯溶剂的凝固点，溶液的凝固点低于纯溶剂的凝固点，其降低值与溶液的质量摩尔浓度成正比，即：

$$\Delta T = T_f^* - T_f = K_f m_B \tag{4-14}$$

式中，T_f^* 为纯溶剂的凝固点；T_f 为溶液的凝固点；m_B 为溶液中溶质B的质量摩尔浓度；K_f 为溶剂的质量摩尔凝固点降低常数，它的数值仅与溶剂的性质有关。若称取一定量的溶质 W_B(g) 和溶剂 W_A(g) 配成稀溶液，则此溶液的质量摩尔浓度为：

$$m_B = \frac{W_B}{M_B W_A} \times 10^{-3} \tag{4-15}$$

式中，M_B 为溶质的摩尔质量。

将该式代入式(4-14)，整理得：

$$M_B = K_f \frac{W_B}{\Delta T\ W_A} \times 10^{-3} \tag{4-16}$$

若已知某溶剂的凝固点降低常数 K_f 值，通过实验测定此溶液的凝固点降低值 ΔT，即可计算溶质的摩尔质量 M_B。由于纯溶剂与溶液凝固点之差的差值较小，所以本实验测温需采用较精密的仪器。

三、实验仪器与试剂

1. 仪器：凝固点测定仪1套，烧杯2个，分析天平，普通温度计（0～50℃）1支，移液管（50 mL）1 支。

2. 试剂：环己烷，萘，冰。

四、实验步骤

1. 调节冰水浴的温度

取适量冰与水混合成冰水浴，使冰水浴温度比被测系统的温度低 2～3℃，在实验过程中不断搅拌，保持此温度。

2. 纯溶剂凝固点的测定

用移液管向清洁、干燥的凝固点管内加入 30 mL 纯环己烷，插入精密数显温度计测温，并记下环己烷的温度。

先将盛环己烷的测定管直接插入冰水浴中，快速搅拌，当液温下降至几乎停止时，取出测定管，放入外套管中继续搅拌。测定记录管内液体最后稳定的温度即为环己烷的近似凝固点。

取出凝固点管，用手捂住管壁使管中固体全部熔化，将测定管放入外套管，再放入冰水浴中。快速搅拌液体，温度下降，当温度降至凝固点以上 0.2℃时停止搅拌，温度继续下降，过冷到凝固点以下 0.5℃时再迅速搅拌，温度先下降随后迅速上升，温度计显示的最高稳定温度即为环己烷的凝固点。重复测定三次，每次之差不超过 0.005℃，取三次测定的平均值作为纯环己烷的凝固点。

3. 溶液凝固点的测定

取出凝固点管，如前将管中固体熔化，用分析天平精确称量 0.15～0.20 g 的萘，投入测定管中，立即塞好管口，搅拌使萘完全溶解。同上先测溶液的近似凝固点，再测精确值，把过冷后温度上升到最高温度作为溶液的凝固点。测定过程中过冷不得超过 0.2℃。重复测定三次，取三次测定的平均值作溶液的凝固点。

五、数据处理

1. 由环己烷的密度，计算所取环己烷的质量 W_A。

2. 将实验数据列入下表中。

物质	质量/g	凝固点/℃			凝固点降低值/℃
		测量值		平均值	
环己烷		1			
		2			
		3			
萘		1			
		2			
		3			

3. 由所得数据计算萘的摩尔质量，并计算与理论值的相对误差。

六、思考题

1. 为什么溶液的凝固点比纯溶剂的凝固点低？

2. 为什么要先测近似凝固点？

3. 根据什么原则考虑加入溶质的量？太多或太少影响如何？

实验六　双液系的气液平衡相图

一、实验目的

1. 绘制常压下环己烷-乙醇双液系的 T-x 图，并找出恒沸点混合物的组成和最低恒沸点。

2. 学会使用阿贝折射仪。

二、实验原理

液体的沸点是指液体的蒸气压与外界大气压相等时的温度。在一定的外压下，纯液体有确定的沸点；而双液体系的沸点不仅与外压有关，还与双液体系的组成有关。

图 4-12 是完全互溶双液系的三种典型的 T-x 图。图中纵坐标为温度（沸点）T，横坐标为液体 B 的摩尔分数 x_B（或质量分数），上面一条曲线是气相线，下面一条曲线是液相线，对应于同一温度的两曲线上的两个点，分别就是平衡时的气相点和液相点，其相应的组成可从横坐标上获得。因此，如果在恒压条件下将溶液蒸馏，测定气相馏出液和液相蒸馏液的组成就能绘出 T-x 图。如果液体与拉乌尔定律的偏差不大，在 T-x 图上溶液的沸点介于 A、B 两种纯液体的沸点之间 [如图 4-12(a) 所示]。然而，实际溶液中由于 A、B 二组分的相互影响，常与拉乌尔定律有较大偏差，在 T-x 图上可能会出现最高点或最低点 [如图 4-12(b) 和图 4-12 (c) 所示]。这些点称为恒沸点，其相应的溶液称为恒沸点混合物。蒸馏

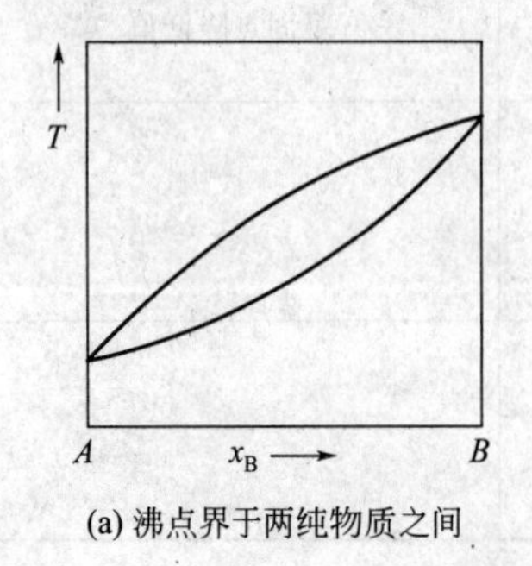

(a) 沸点界于两纯物质之间

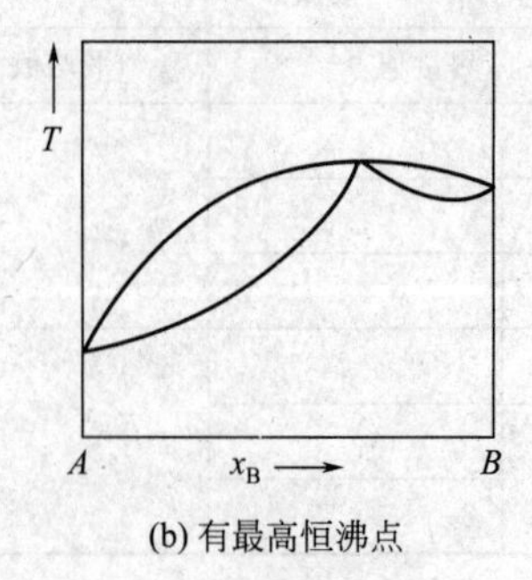

(b) 有最高恒沸点

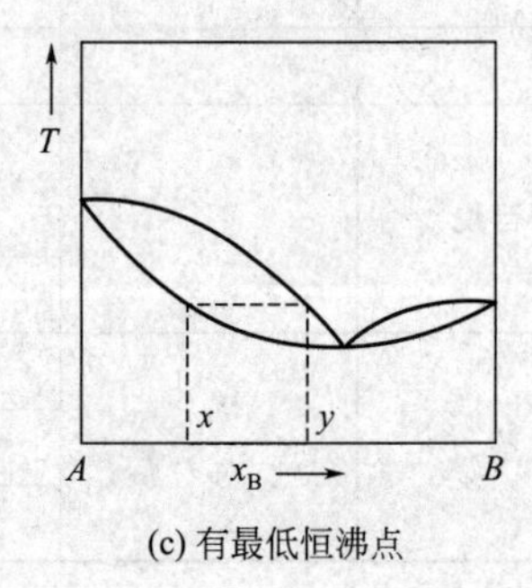

(c) 有最低恒沸点

图 4-12　完全互溶双液系三种不同类型相图

时，恒沸点混合物的气相与液相组成相同，通过蒸馏无法改变其组成。例如 HCl 与水的体系具有最高恒沸点，苯与乙醇的体系具有最低恒沸点。

本实验采用回流冷凝法测定环己烷-乙醇体系的沸点-组成图（沸点仪示意图如图 4-13 所示），通过阿贝折射仪分别测定不同组成体系在沸点温度时气相和液相的折射率，再从折射率-组成曲线上获得相应的组成，然后绘制沸点-组成图。

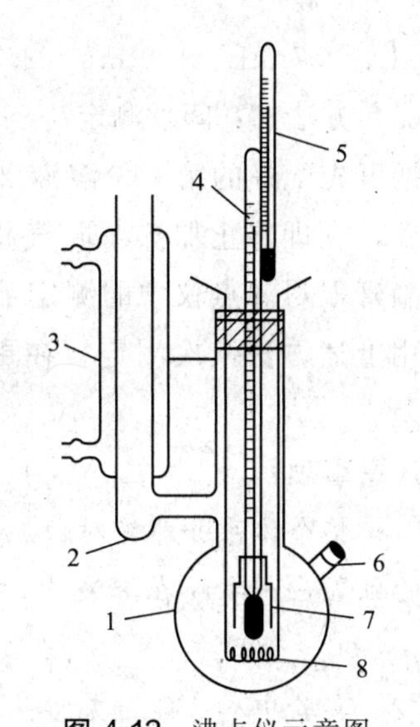

图 4-13 沸点仪示意图

1—盛液容器；2—小球；3—冷凝管；4—测量温度计；5—辅助温度计；6—支管；7—小玻璃管；8—电热丝

三、实验仪器与试剂

1. 仪器：沸点仪 1 套，恒温槽 1 台，阿贝折射仪 1 台，移液管（1 mL）2 支，量筒 3 个，小试管 9 支。

2. 试剂：环己烷，乙醇。

四、实验步骤

1. 实验准备工作

调节恒温槽温度比室温高 5℃左右，通恒温水于阿贝折射仪中。

2. 测定折射率与组成的关系，绘制工作曲线

将 9 支小试管编号，依次移入 0.100 mL、0.200 mL、…、0.900 mL 的环己烷，再依次移入 0.900 mL、0.800 mL、…、0.100 mL 的乙醇，轻轻摇动，混合均匀，配制成 9 份已知浓度的溶液（按纯样品的密度，换算成质量分数）。用阿贝折射仪测定每份溶液的折射率及纯环己烷和乙醇的折射率。以折射率对浓度作图，即可绘制工作曲线。

3. 测定沸点与组成的关系

（1）方法一：连续测定法

加热使沸点仪中溶液沸腾，待溶液沸腾且回流正常后 1～2 min，旋转活塞至取样位置。使用毛细滴管吸取少许样品（即为气相样品），随即将活塞转回回流位置。把所取的样品迅速滴入折射仪中，测其折射率 n_g。再用另一支滴管吸取沸点仪中的溶液，测其折射率 n_l。在每次取气相和液相样品分析前，要分别记下沸点仪中温度计的气相温度 T_g 和液相温度 T_l。

本实验是以恒沸点为界，把相图分成左右两半，分两次来绘制相图的。具体方法如下：

① 右一半沸点-组成关系的测定。在三口瓶中加入 20 mL 乙醇和 1 mL 环己烷，再加入几粒沸石，按上述方法测定 n_g 和 n_l，并记下温度 T_g 和 T_l，然后依次加入 1.5 mL、2.0 mL、2.5 mL、3.0 mL、6.0 mL、25.0 mL 环己烷。每加一次环己烷都要按上述方法分别测定其 n_g 和 n_l 及温度 T_g 和 T_l。实验完毕后将溶液倒入回收瓶中。

② 左一半沸点-组成关系的测定。在三口瓶中加入 50 mL 环己烷，依次加入 0.3 mL、

0.5 mL、0.7 mL、1.0 mL、2.5 mL、5.0 mL、12.0 mL 乙醇，分别按①进行测定。

（2）方法二：间歇测定法

把事先配好的第一份溶液 25 mL 加入沸点仪中，加入沸石，待沸腾稳定后，读取沸点温度，立即停止加热。取气相冷凝液测其折射率，而后再取液相液体测其折射率，然后用滴管取尽沸点仪中的测定液，放回原试剂瓶中。在沸点仪中再加入 25 mL 新的待测液，用上述方法依次测定。在更换溶液时，务必用滴管取尽沸点仪中的测定液，以免带来误差。

注意事项：

[1] 整个体系并非绝对恒温，气、液两相的温度会有少许差别，因此沸点仪中温度计水银球的位置应一半浸在溶液中，一半露在蒸气中，并随着溶液量的增加不断调节水银球的位置。

[2] 实验中尽可能避免过热现象，为此每加两次样品后，可加入一粒沸石，同时要控制好液体的回流速度，不宜过快或过慢（回流速度的快慢可调节加热温度来控制）。

[3] 在每一份样品的蒸馏过程中，由于整个体系的成分不可能保持恒定，因此平衡温度会略有变化，特别是当溶液中两种组成的量相差较大时，变化更为明显。为此，每加入一次样品后，只要待溶液沸腾，正常回流 1～2 min 后，即可取样测定，不宜等待时间过长。

[4] 每次取样量不宜过多，取样时毛细滴管一定要干燥，不能留有上次的残液，气相取样口的残液亦要擦干净。

[5] 整个实验过程中，应通恒温水于阿贝折射仪中，使用折射仪时，棱镜不能触及硬物（如滴管），擦拭棱镜用擦镜纸。

五、数据处理

1. 将实验中测得的折射率-组成数据列表，并绘制成工作曲线。

2. 将实验中测得的沸点-折射率数据列表，并从工作曲线上查得相应的组成，从而获得沸点与组成的关系。

3. 绘制沸点-组成图，并标明最低恒沸点和组成。

4. 在精确的测定中，还要对温度计的外露水银柱进行露茎校正。

六、思考题

1. 在该实验中，测定工作曲线时折射仪的恒温温度与测定样品时折射仪的恒温温度是否需要保持一致？为什么？

2. 过热现象对实验有什么影响？如何在实验中尽可能避免这种现象？

3. 在连续测定法实验中，样品的加入量是否应该十分精确？为什么？

4. 本实验的误差主要来源于哪些因素？

实验七　液体饱和蒸气压的测定

一、实验目的

1. 了解纯液体的饱和蒸气压与温度的关系，理解克拉佩龙-克劳修斯（Clausius-Clapeyron）方程的意义。

2. 掌握静态法测定不同温度下乙醇饱和蒸气压的方法，学会用图解法求被测液体在实验温度范围内的平均摩尔汽化焓。

3. 初步掌握真空实验技术，熟悉恒温槽及气压计的使用方法。

二、实验原理

在真空容器中，液体与其蒸气建立动态平衡（即蒸气分子向液面凝结和液体分子从液面逃逸的速率相等）时液面上的蒸气压力即为饱和蒸气压。温度升高，分子运动加剧，单位时间内从液面逸出的分子数增多，所以蒸气压增大。饱和蒸气压与温度的关系服从 Clausius-Clapeyron 方程：

$$\frac{\mathrm{d}p}{\mathrm{d}T}=\frac{\Delta_{\mathrm{vap}}H_{\mathrm{m}}^{*}}{T^{*}\Delta V_{\mathrm{m}}} \tag{4-17}$$

式中，$\Delta_{\mathrm{vap}}H_{\mathrm{m}}^{*}$ 是该液体的摩尔蒸发焓，在温度变化范围不大时，可作为常数处理。

液体蒸发时要吸收热量，温度 T 下，1 mol 液体蒸发所吸收的热量为该物质的摩尔汽化焓。蒸气压等于外压时的温度即为沸点，显然液体沸点随外压而变，101.325 kPa 下液体的沸点称正常沸点。

对含有气相纯物质的两相平衡系统，因 $V_{\mathrm{m}}(\mathrm{g})\gg V_{\mathrm{m}}(\mathrm{l})$，故 $\Delta V_{\mathrm{m}}\approx V_{\mathrm{m}}(\mathrm{g})$。若气体视为理想气体，则 Clausius-Clapeyron 方程式为：

$$\frac{\mathrm{d}p}{\mathrm{d}T}=\frac{p\Delta_{\mathrm{vap}}H_{\mathrm{m}}^{*}}{RT^{2}} \tag{4-18}$$

因温度范围小时，$\Delta_{\mathrm{vap}}H_{\mathrm{m}}^{*}$ 可以近似作为常数，将上式积分得：

$$\ln p=\frac{-\Delta_{\mathrm{vap}}H_{\mathrm{m}}^{*}}{RT}+C \tag{4-19}$$

以 $\ln p$ 对 $1/T$ 作图（$\ln p$-$1/T$），得到一条直线，斜率为$\frac{-\Delta_{\mathrm{vap}}H_{\mathrm{m}}^{*}}{R}$，由斜率可求算液体的 $\Delta_{\mathrm{vap}}H_{\mathrm{m}}^{*}$。

饱和蒸气压的测定主要有静态法、动态法、饱和气态法三种方法。本实验采用静态法，利用等压计测定不同温度下乙醇的饱和蒸气压。

蒸气压测定实验装置如图 4-14 所示。被测样装入试样球 9 中，以样品作 U 形管封闭液。某温度下若试样球液面上方仅有被测物的蒸气，则等压计 U 形管右支液面上所受到压力就是其蒸气压。当该压力与 U 形管左支液面上的空气的压力相平衡（U 形管两臂液面齐平）时，就可从与等压计相接的压力计测出在此温度下的饱和蒸气压。

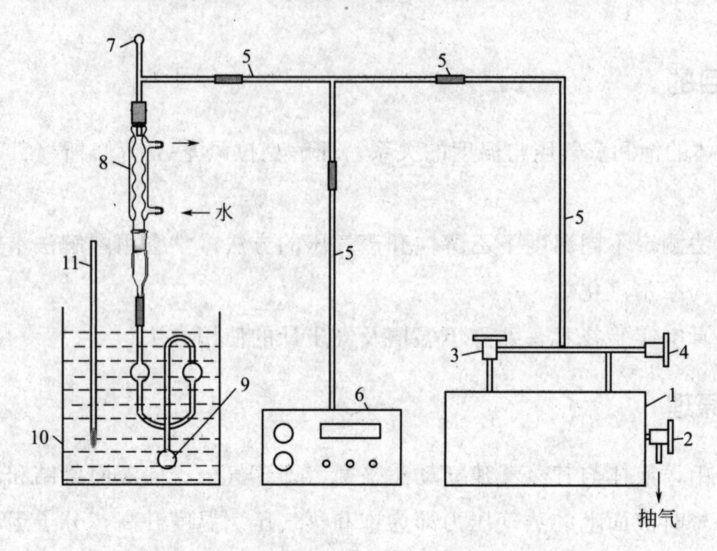

图 4-14　蒸气压测定装置

1—不锈钢真空包；2—抽气阀；3—真空包抽气阀；4—进气阀；5—真空橡皮管；6—数字压力计；7—加样口；8—冷凝管；9—试样球；10—恒温水浴；11—温度计

三、实验仪器与试剂

1. 仪器：恒温水浴，等压计，数字压力计，真空泵及附件。

2. 试剂：无水乙醇。

四、实验步骤

① 装样：从加样口加将 2/3 体积的无水乙醇，并在 U 形管内装入一定体积的无水乙醇。

② 按图 4-14 安装仪器。

③ 打开数字压力计电源开关，预热 5 min，按下“复位”键，调节单位至“mmHg”。

④ 关闭进气阀 4，打开抽气阀 2、真空包抽气阀 3 和真空泵，抽真空 2～3 min，关闭真空包抽气阀 3。若数字压力计上的数字基本不变，表明系统不漏气，可进行下步实验。否则应逐段检查，消除漏气因素。

⑤ 打开真空包抽气阀 3，继续抽真空。这时试样球与 U 形管之间的空气呈气泡状通过 U 形管中的液体逸出。当发现气泡成串逸出时，迅速关闭真空包抽气阀 3（若沸腾不能停

止，可缓缓打开进气阀 4，使少许空气进入系统），2～5 min 后关闭抽气阀 2。打开恒温水浴的加热开关，将水温升高至 20～25℃。升温时可看到有气泡通过 U 形管逸出。

⑥ 慢慢打开真空包抽气阀 3，使等压计内的溶液缓缓沸腾 1 min 左右。缓缓打开进气阀 4，使少许空气进入。待等压计左右支管中液面相平时，迅速关闭进气阀 4，同时读出压力和温度，计算出所测温度下的饱和蒸气压（$p_{饱和}=p_{大气}-p_{表}$）。此数据与标准数据比较，误差控制在 5 mmHg 以内。若大于此误差，重复此步骤。

⑦ 每次升温 2～3℃，重复上述操作，测定乙醇在不同温度下的蒸气压。

⑧ 实验结束后，打开真空包抽气阀 3、进气阀 4，关闭气压计、恒温水浴的开关。先将系统排空，然后关闭真空泵。

注意事项：

[1] 排净等压计小球上面的空气，使液面上空只含液体的蒸气分子（如果数据偏差在正常误差范围内，可认为空气已排净）。但要注意抽气速度不要过快，以防止液封溶液被抽干。

[2] 等压计中有溶液的部分必须放置于恒温水浴中的液面以下，否则所测溶液温度与水浴温度不同。

[3] 待等压计左右支管中液面调平时，一定要迅速关闭进气阀 4，严防空气倒灌影响实验的进行。

[4] 在关闭真空泵前一定要先将系统排空，然后关闭真空泵。

五、数据处理

1. 实验数据见下表。

室温 $T=$________℃　　　大气压 $p=$________ kPa

编号	温度/℃	表压/mmHg	p/Pa	$\ln p$	$\frac{1}{T}$/K^{-1}
1					
2					
3					
4					
5					
6					

2. 以 $\ln p$ 对 $1/T$ 作图，得到一条直线，由直线的斜率求出 $\Delta_{vap}H_m^*$。

六、思考题

1. 怎样确保实验装置不漏气？

2. 如果不排除等压计上的空气，对实验结果有何影响？

3. 此实验存在哪些误差来源？怎样才能提高此实验的准确度？

实验八　二组分金属相图

一、实验目的

1. 采用热分析法（步冷曲线法）测 Bi-Sn 二组分金属熔体步冷曲线，并绘制相图。

2. 了解热分析法的实验技术以及利用热电偶测量温度的方法。

二、实验原理

较为常见的简单二组分金属相图主要有三种：①液相完全互溶，且凝固后固相也能完全互溶成固体混合物的系统，最典型的为 Cu-Ni 系统；②液相完全互溶而固相完全不互溶的系统，最典型的是 Bi-Cd 系统；③液相完全互溶，而固相是部分互溶的系统，如 Pb-Sn 系统。本实验测试的 Bi-Sn 系统，就是液相完全互溶、固相部分互溶的系统。在低共熔温度下，Bi 在固相 Sn 中最大溶解度为 21%（质量分数）。

在各类绘制相图的方法中，热分析法（步冷曲线法）是绘制相图的最基本方法之一。其利用金属及合金在加热和冷却过程中发生相变时释出或吸收的潜热及热容的突变，来得到金属或合金中相转变温度。

通常的做法是先将金属或合金全部熔化成均相熔体，然后让其在一定条件下冷却，并记录温度随时间变化曲线，此曲线即为步冷曲线（如图 4-15 所示）。

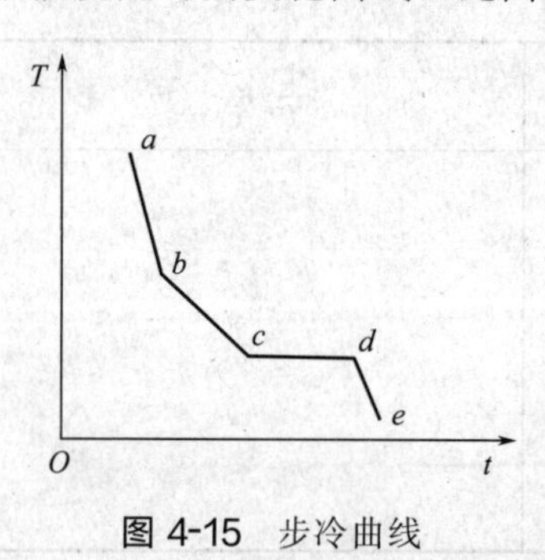

图 4-15　步冷曲线

如图 4-15 所示，当熔融系统均匀冷却时，如果系统不发生相变，则系统的温度随时间均匀变化，具有较快的冷却速率（如图中 ab 线段）。若在冷却过程中发生了相变（一般是析出固体），由于相变过程中伴随着放热效应，所以系统的温度随时间变化的速率会发生改变，系统的冷却速率减慢，从而在步冷曲线上出现转折（如图中 b 点）。当熔液继续冷却到某一点时（如图中 c 点），此时熔液系统以低共熔混合物的固体析出，且在低共熔混合物全部凝固以前，系统温度保持不变，因此在步冷曲线上出现水平线段（如图中 cd 线段）。继续降温，当熔液完全凝固后，温度才迅速下降（如图中 de 线段）。

由此可知，对于组成一定的二组分低共熔混合物系统，可根据其步冷曲线得出固体析出的温度和低共熔点温度。根据一系列组成不同系统的步冷曲线的各转折点，即可画出二组分系统的相图（温度-组成图）。不同组成熔液的步冷曲线对应的相图如图 4-16 所示。

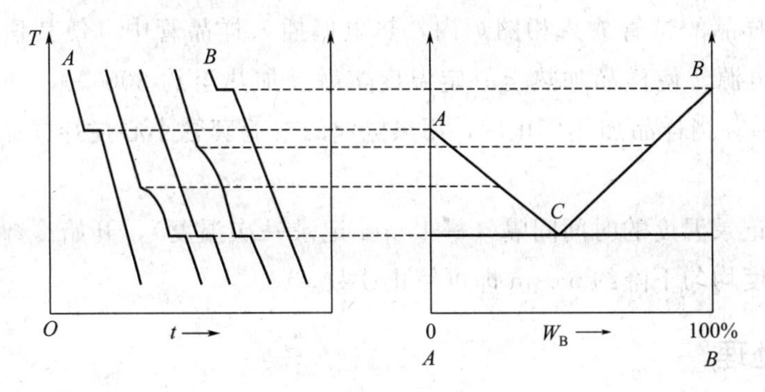

图 4-16　步冷曲线与相图

用热分析法（步冷曲线法）绘制相图时，被测系统必须时时处于或接近相平衡状态，因此冷却速率要足够慢才能得到较好的结果。实验装置简图如图 4-17 所示。

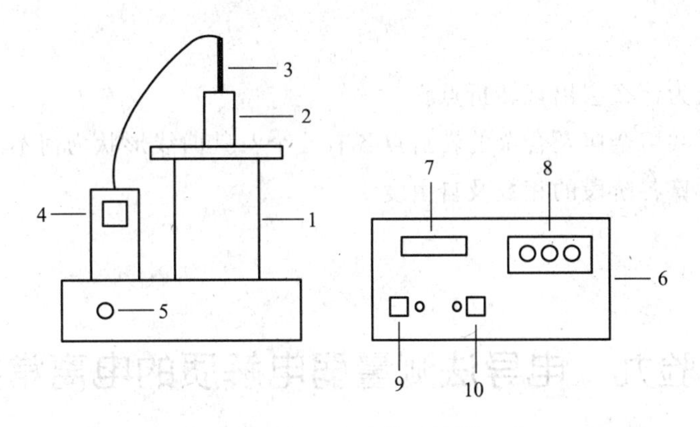

图 4-17　实验装置简图

1—相图炉；2—样品管；3—铂电极；4—电压表；5—电压钮；

6—微电脑温度控制仪；7—温度显示屏；8—温度设置；9—定时器；10—复位器

三、实验仪器与试剂

1. 仪器：JXL-2 型金属相图炉（1 台），微电脑温度控制仪（1 台），铂电阻温度计（1 支），玻璃样品管（6 支）。

2. 试剂：纯锡，纯铋，液体石蜡或碳粉。

四、实验步骤

1. 样品配制

分别称取一定量的纯 Bi 和纯 Sn，分别配制含 Bi 质量分数为 0%、30%、58%（低共熔混合物）、70%、80%、100%的 Bi-Sn 混合物以及纯 Bi、纯 Sn 各 100g，分别放入 6 支试管中，并在样品上方覆盖一层石蜡或碳粉，以防止金属被氧化。

2. 样品测定

分别将装有样品的试管放入相图炉内，热电偶插入样品管中（使其顶部离样品管底约 1 cm 处）。接通电源，使样品加热至一定温度熔融（加热至约 300℃），并保持此温度一段时间（约 10 min）。当样品加热熔化后，用热电偶的玻璃套管小心搅拌样品，使各处的组成和温度均匀。

然后，设置记录温度的时间间隔（每 1 min 记录一次温度），开始冷却样品。待转折平台点出现后，温度均匀下降约 5 min 即可停止读数。

五、数据处理

1. 以温度为纵坐标，时间为横坐标，作出各组分的步冷曲线。

2. 在步冷曲线上找出各组分的熔点温度，以其为纵坐标，组成为横坐标，作出 Sn-Bi 二组分金属相图。

六、思考题

1. 步冷曲线上为什么会出现转折点？

2. 纯金属、低共熔金属及合金的转折点各有几个？其曲线形状为何不同？

3. 结合相律计算各阶段的相数及自由度？

实验九　电导法测量弱电解质的电离常数

一、实验目的

1. 学会电导（率）仪的使用方法。

2. 掌握溶液电导的测定方法。

二、实验原理

AB 型弱电解质在溶液中电离达到平衡时，电离平衡常数 K_c 与原始浓度 c 和电离度 α 有以下关系：

$$K_c=\frac{c\alpha^2}{1-\alpha} \tag{4-20}$$

在一定温度下，K_c 是常数，因此可以通过测定 AB 型弱电解质在不同浓度时的电离度 α 代入式(4-20) 求出 K_c。醋酸溶液的电离度可采用电导法来测定，将电解质溶液放入电导池内，溶液电导 G 与两电极之间的距离 l 成反比，与电极的面积 A 成正比，即：

$$G=\kappa \frac{A}{l} \tag{4-21}$$

式中，$\frac{l}{A}$为电导池常数，以 K_{cell} 表示；κ 为电导率。由于电极的 l 和 A 不易精确测量，所以在实验中先用一种已知电导率值的溶液求出电导池常数 K_{cell}，然后将待测溶液放入该电导池测出其电导值，再根据式(4-21) 求出其电导率。溶液的摩尔电导率是指把含有 1 mol 电解质的溶液置于相距为 1 m 的两平行板电极之间的电导，以 Λ_m 表示，其单位以 SI 单位制表示为 $S \cdot m^2 \cdot mol^{-1}$。摩尔电导率与电导率的关系：

$$\Lambda_m=\frac{\kappa}{c} \tag{4-22}$$

式中，c 为该溶液的浓度，其单位以 SI 单位制表示为 $mol \cdot m^{-3}$。对于弱电解质溶液来说，可以认为：

$$\alpha=\frac{\Lambda_m}{\Lambda_m^{\infty}} \tag{4-23}$$

式中，Λ_m^{∞} 是溶液在无限稀释时的摩尔电导率。对于强电解质溶液（如 KCl、NaAc），其 Λ_m 和 c 的关系为：

$$\Lambda_m=\Lambda_m^{\infty}(1-\beta\sqrt{c}) \tag{4-24}$$

对于弱电解质（如 HAc 等），Λ_m 和 c 不是线性关系，故它不能像强电解质溶液那样，从 Λ_m-$\sqrt{c}$ 图外推至 $c=0$ 处求得 Λ_m^{∞}。在无限稀释的溶液中，每种离子对电解质的摩尔电导率都有一定的贡献，是独立移动的，不受其他离子的影响。对电解质 $M_{\nu^+}A_{\nu^-}$ 来说，则有：

$$\Lambda_m^{\infty}=\nu^+\lambda_{m^+}^{\infty}+\nu^-\lambda_{m^-}^{\infty} \tag{4-25}$$

弱电解质 HAc 的 Λ_m^{∞} 可由强电解质 HCl、NaAc 和 NaCl 的 Λ_m^{∞} 的代数和求得：

$$\Lambda_m^{\infty}(HAc)=\lambda_{m^+}^{\infty}(H^+)+\lambda_{m^-}^{\infty}(Ac^-)=\Lambda_m^{\infty}(HCl)+\Lambda_m^{\infty}(NaAc)-\Lambda_m^{\infty}(NaCl) \tag{4-26}$$

因此有

$$K_c=\frac{\Lambda_m^2}{\Lambda_m^{\infty}(\Lambda_m^{\infty}-\Lambda_m)}$$

或

$$c\Lambda_m=(\Lambda_m^{\infty})^2K_c\frac{1}{\Lambda_m}-\Lambda_m^{\infty}K_c \tag{4-27}$$

以 $c\Lambda_m$ 对 $1/\Lambda_m$ 作图，其直线的斜率为 $(\Lambda_m^{\infty})^2K_c$，若已知 Λ_m^{∞} 值，就可算出 K_c。

三、实验仪器与试剂

1. 仪器：电导率仪（1 台），恒温槽（1 套），电导池（1 个），电导电极（1 支），容量瓶（100 mL，5 个），移液管（25 mL、50 mL，各 1 支），洗瓶（1 个），洗耳球（1 个）。

2. 试剂：各种不同浓度的醋酸溶液，$10.00\ mol \cdot m^{-3}$ KCl 溶液。

四、实验步骤

1. 调节温度

将恒温槽温度调至（25.0±0.1）℃或（30.0±0.1）℃。

2. 测定电导池常数 K_{cell}

倾去电导池中的蒸馏水，将电导池和铂电极用少量的 10.00 $mol \cdot m^{-3}$ KCl 溶液洗涤 2～3 次后，装入 10.00 $mol \cdot m^{-3}$ KCl 溶液，恒温后，使用电导仪测量其电导，重复测定三次。

3. 测定电导水的电导（率）

倾去电导池中的 KCl 溶液，用电导水洗净电导池和铂电极，然后注入电导水，恒温后测其电导（率）值，重复测定三次。

4. 测定 HAc 溶液的电导（率）

倾去电导池中电导水，将电导池和铂电极用少量待测 HAc 溶液洗涤 2～3 次，最后注入待测 HAc 溶液。恒温后，用电导（率）仪测其电导（率），每种浓度重复测定三次。按照浓度由小到大的顺序，测定各种不同浓度 HAc 溶液的电导（率）。每次测定前，都必须将电导电极及电导池洗涤干净，以免影响测定结果。

五、数据处理

1. 电导池常数 K_{cell}。

25℃或 30℃时，10.00 $mol \cdot m^{-3}$ KCl 溶液电导率：________。

实验次数	G/S	G/S(均值)	K_{cell}/m^{-1}
1			
2			
3			

2. 醋酸溶液的电离常数。

HAc 原始浓度：________。

c/ $mol \cdot m^{-3}$	G/S	k/ $S \cdot m^{-1}$	Λ_m/ $S \cdot m^2 \cdot mol^{-1}$	Λ_m^{-1}/ $S^{-1} \cdot m^{-2} \cdot mol$	$c\Lambda_m$/ $S \cdot m^{-1}$	K_c/ $mol \cdot m^{-3}$

3. 按公式以 $c\Lambda_m$ 对 $1/\Lambda_m$ 作图，得一条直线，直线的斜率为 $(\Lambda_m^{\infty})^2 K_c$，由此求得 K_c，并将其与上述结果进行比较。

六、思考题

1. 为什么要测电导池常数？如何得到该常数？

2. 测电导时为什么要恒温？实验中测电导池常数和溶液电导时，温度是否要一致？

实验十　测定铁的极化和钝化曲线

一、实验目的

1. 掌握一种电化学测量方法（恒电势法）。

2. 测定铁在 H_2SO_4 中的阴极极化、阳极极化和钝化曲线。

3. 计算铁的自腐电势、腐蚀电流和钝化电势、钝化电流。

二、实验原理

当电极上有电流通过时，电极电势偏离于平衡值的现象称为电极的极化。无论是原电池或是电解池，只要有电流通过，就有极化作用发生。通常将描述电流密度与电极电势之间关系的曲线称为极化曲线。测量极化曲线是一种常用的电化学研究方法。铁在酸性介质中会发生腐蚀现象，例如铁在 H_2SO_4 溶液中，将不断溶解，同时产生 H_2，在 Fe/H_2SO_4 界面上同时进行氧化反应和还原反应，H_2 不断析出（阴极反应），Fe 不断溶解（阳极反应），这就是铁腐蚀的主要原因。当对电极进行阴极极化，即使其电极电位更负时，铁溶解反应被抑制，电化学过程以 H_2 析出反应为主，可获得阴极极化曲线；当对电极进行阳极极化，即使其电极电位更正时，H_2 析出反应被抑制，电化学过程以铁的溶解为主要倾向。通过测定对应的极化电势和极化电流，就可以得到 Fe/H_2SO_4 体系的阳极极化曲线。

当阳极极化进一步加强，极化电势超过致钝电势（钝化电势）时，电流很快下降，此后虽然不断增加极化电势，但电流一直维持在一个很小的数值，直到极化电势超过某点时，电流才重新开始增加。将阴极极化曲线的直线部分外延，将阳极极化曲线的直线部分外延，理论上应交于点 z，则 z 点的纵坐标就是腐蚀电流，而 z 点的横坐标则表示自腐电势。在阳极钝化曲线上，随电位增大，电流随之增大的区域称为活化区。随着电位增大，电流达到最大值后减小，此电流最大值时称为临界钝化点，此时对应的电位即为钝化电位，对应的电流称为钝化电流。随后，随着电位增大，电流迅速下降后基本保持不变，不再继续增大。从临界钝化点到电流基本不变的电流迅速下降区域称为钝化过渡区，电流基本保持不变的区域称为稳定钝化区，电流再继续增大的区域称为超钝化区。铁的钝化现象可作如下解释：活化区为铁的正常溶解曲线，此时铁处于活化状态。当进一步极化时，亚铁离子与溶液中的硫酸根离子形成 $FeSO_4$ 沉淀层，阻滞了阳极反应。由于氢离子不易达到硫酸亚铁层内部，铁表面的 pH 增加，硫酸亚铁开始在铁的表面生成，形成了致密的氧化膜，极大地阻滞了铁的溶解，因而出现了钝化现象。由于 Fe_2O_3 在高电势范围内能够稳定存在，故铁能保持在钝化状态，直到电势超过 O_2/H_2O 体系的平衡电势相当多时，铁电极上开始析出氧，电流重新增加。

金属钝化现象有很多实际应用，如金属处于钝化状态，对于防止金属的腐蚀和在电解中保护不溶性的阳极是极为重要的。但是，在一些情况下，钝化现象却是十分有害的，如在化学电源、电镀中的可溶性阳极等，这时则应尽力防止阳极钝化现象的发生。凡能够促使金属保护层破坏的因素都能使钝化后的金属重新活化，或能防止金属钝化。

测定极化曲线，可以采用恒电位法，即控制改变电极的电位，测量对应电极电位下通过电极的电流。也可以采用恒电流法，控制改变通过电极的电流，测量对应电流下电极的电位。对 Fe/H_2SO_4 体系进行阴极极化或阳极极化，在不出现钝化现象的情况下，既可采用恒电流方法，也可以采用恒电势方法，所得到的极化曲线应一致。但要测定钝化曲线，必须采用恒电势方法（如采用恒电流方法，则无法获得完整的钝化曲线）。

一般电化学测量仪器设备，其基本原理相近，但仪器控制和测量的精度差别较大。本实验采用电化学工作站测量系统，由微型计算机控制，视窗设定测定参数，自动控制、采集、处理数据。采用三室电解池，辅助电极室和研究电极室之间采用玻璃砂隔板，研究电极采用钝铁，参比电极采用饱和甘汞电极，辅助电极采用铂电极。实验装置原理图如图 4-18 所示。

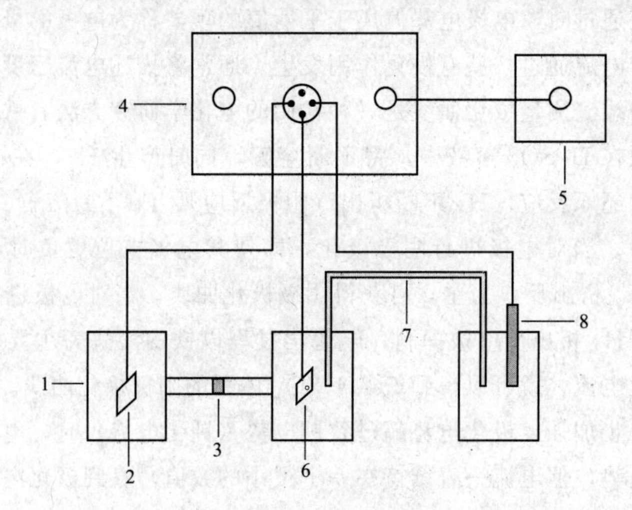

图 4-18　钝化曲线测定图

1—H 槽；2—辅助电极（Pt 电极）；3—隔膜；4—电化学工作站；5—电脑；6—铁电极；7—盐桥；8—参比电极（甘汞电极）

三、实验仪器与试剂

1. 仪器：电化学工作站，电解池，铂片辅助电极，饱和甘汞电极，圆柱形铁电极。

2. 试剂：H_2SO_4 溶液，乙醇，丙酮，$HClO_4$ HAc 混合液（4∶1）。

四、实验步骤

① 实验前，熟悉电化学分析仪的使用操作方法。

② 按图 4-18 安装连接仪器。在电解池中放入电解液 H_2SO_4 溶液（$1\ mol \cdot L^{-1}$）。

③ 工作电极用 200～800 号水砂纸打磨，抛光成镜面。用卡尺测量其外径和长度。将电

极固定在电极杆上，擦拭干净后放入乙醇、丙酮中去油。

④ 去油后的工作电极进一步进行电抛光处理，即将电极放入 $HClO_4$-HAc 的混合液（按 4∶1 配制）中进行电解。工作电极为阳极，Pt 电极为阴极，电流密度为 85 $mA \cdot cm^{-2}$（铁电极），通电 2 min，取出后用蒸馏水洗净，用滤纸吸干后，立即放入电解池中。

⑤ 打开电化学分析仪电源开关，连接电极线路，启动电脑，打开电化学分析仪操作软件，选定测量功能为“测量开路电位”，则可测得参比电极对研究电极的开路电势，每 2 min 测量一次，直到两次测量值相差 1～2 mV 为止，即为自腐电势 E_{cor}（相对于参比电极）。

⑥ 选定测量功能为“线性扫描伏安法”，测定阴极极化曲线。设定相应的测量参数，扫描起始电位均为自腐电势。

⑦ 阴极极化曲线测定后，等待工作电极恢复至 E_{cor}，约在±5 mV 的范围内。在 20 min 内如 E_{cor} 值不复原，应更换工作电极和溶液。

⑧ 测定阳极极化曲线，扫描起始仍从自腐电势开始，设定相应的测量参数，进行阳极极化。

⑨ 钝化曲线的测定。扫描起始电位仍从自腐电势开始，将扫描结束电位设为+1.8 V，进行阳极极化，测定钝化曲线。

⑩ 测完之后，应使仪器复原，清洗电极，记录室温。

五、数据处理

1. 在计算机上进行数据处理。
2. 根据阴极极化曲线和阳极极化曲线，求 I_{cor}。
3. 由钝化曲线求钝化电势 E_p、钝化电流 I_p 和钝化电流密度 i_p。

六、思考题

1. 从极化电势的改变，如何判断所进行的极化是阳极极化还是阴极极化？
2. 测定钝化曲线为什么不能采用恒电流法？

实验十一　循环伏安法研究电极过程

一、实验目的

1. 掌握循环伏安法研究电极过程的实验原理和方法。
2. 学会根据循环伏安曲线分析电极过程特征。
3. 测定 $[Fe(CN)_6]^{3-}$ 在 1 $mol \cdot L^{-1}$ KCl 介质中的循环伏安曲线，根据相关关系计算

放出电子数 n、半波电位 $\varphi_{1/2}$ 和扩散系数 D_O。

二、实验原理

1. 循环伏安曲线

设电极反应为

$$O+ne^{-}\longrightarrow R$$

式中，O为氧化态物质，R为还原态物质。当扰动信号为三角波电位（如图4-19所示）时，所得的典型循环伏安图如图4-20所示。图4-19中 φ_i 为起扫电位，φ_λ 为反扫电位。当电位从 φ_i 扫至 φ_λ 时称正向扫描，为阴极过程；电位从 φ_λ 扫至 φ_i 时称反向扫描，为阳极过程。从电位 φ_i 开始扫描时，开始只有非法拉第充电电流，当电位向负方向增大到一定值时，反应物开始在电极表面发生还原反应 $O+ne^{-}\longrightarrow R$，电极表面反应物浓度下降，引起电极表面扩散电流增大，电流随电位的增加而上升。当电位增加到某一值时，扩散电流达到最大值，出现阴极峰电流 I_{pe}，这时电极表面反应物浓度已经下降到0，当电位继续向负方向增大时，溶液内部的反应物会向电极表面扩散，使扩散层厚度增加，这时电流开始下降，因而出现了具有峰电流的电流-电位曲线。当正向扫描电位达到三角波的顶点 φ_λ 时，改为反向扫描，电位向正方向移动。此时电极附近，积聚的还原态产物R随着电位的正移而逐渐被氧化 $R-ne^{-}\longrightarrow O$，其过程与正向扫描相似，随着电位逐渐增加，阳极电流不断增大阳极电流达到最大值后，同样出现电流衰减。因此，反向扫描同样出现阳极峰电流 I_{pa}，整个扫描过程形成如图4-20所示的循环曲线。在此曲线中，出现了两个峰电流 I_p，即阴极峰电流 I_{pe} 与阳极峰电流 I_{pa}，其各自所对应的电位称为阴极峰电位 φ_{pe} 与阳极峰电位 φ_{pa}。阴极峰电流 I_{pe} 是峰位置相对于零电位基线（$I=0$）的高度。而阳极峰电流由于反扫是从换向电位 φ_λ 处开始的，而 φ_λ 处的阴极电流并未衰减到零，因此阳极峰电流的读数应以阴极电流的衰减线的外延为基线。其方法是在 φ_λ 处开始作阴极电流衰减线外延部分的对称线，以对称线作为基线。如果实验测定有困难可以用计算法确定阳极峰电流，即：

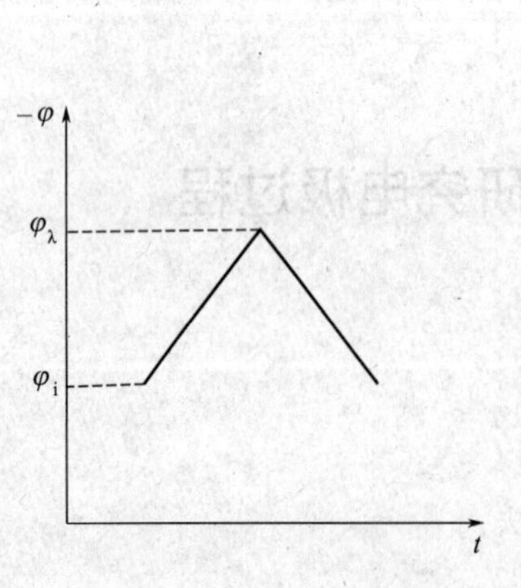

图4-19 电位-时间关系

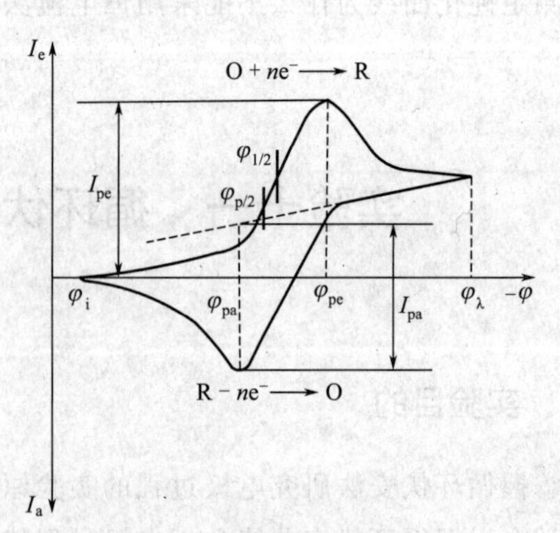

图4-20 循环伏安曲线

$$\frac{I_{pa}}{I_{pe}}=\frac{(I_{pa})_0}{I_{pe}}+\frac{0.485(I_{pa})_0}{I_{pe}}+0.086 \tag{4-28}$$

式中，$(I_{pa})_0$ 为以零电流线为基线的阳极峰电流。

将循环伏安曲线进行数学分析可以推出峰电流，峰电位与扫描速度、反应物粒子浓度及动力学参数之间的一系列特征关系，为电极过程的研究提供了丰富的电化学信息，因此循环伏安法已经成为电化学研究中广泛应用的重要实验技术。

2.循环伏安曲线的特征

(1) 扩散传质步骤控制的可逆体系

对于反应 $O+ne^- \rightleftharpoons R$，假设满足半无限扩散条件，对于平面电极，存在大量支持电解质时，可以推导出 25℃时反应的峰电流表达式为：

$$I_p=2.69\times10^5 n^{3/2}SD_O^{1/2}v^{1/2}c_O^0 \tag{4-29}$$

式中，I_p 为峰电流，A；S 为电极面积，cm^2；D_O 为反应物 O 的扩散系数，$cm^2 \cdot s^{-1}$；v 为电位扫描速度，$V \cdot s^{-1}$；c_O^0 为反应物初始浓度，即为溶液的本体浓度，$mol \cdot cm^{-3}$。

由上式可以看出：当 c_O^0 一定时，I_p 与 $v^{1/2}$ 成正比；当 v 一定时，I_p 与 c_O^0 成正比。对于反应产物 R 稳定的可逆体系，其循环伏安图还有两个重要特征，即

$$[\varphi_{pe}-\varphi_{pa}]=59/n(mV) \tag{4-30}$$

$$I_{pe}=I_{pa} \tag{4-31}$$

这两个特征是判断可逆过程的重要依据。另外峰电位 φ_p 还与半波电位 $\varphi_{1/2}$，半峰电位 $\varphi_{p/2}$（$I_p/2$ 处所对应的电位）之间存在如下关系：

$$\varphi_p-\varphi_{1/2}=-28.5/n(mV) \tag{4-32}$$

$$\varphi_{p/2}-\varphi_{1/2}=28/n(mV) \tag{4-33}$$

二式相减得：

$$\varphi_p-\varphi_{p/2}=-56.5/n(mV) \tag{4-34}$$

由上述可见，对于可逆体系，峰电位 φ_p 与扫描速度无关。由式(4-30) 和式(4-31) 可求出电化学反应电子数 n，进而求出半波电位 $\varphi_{1/2}$。根据式(4-29)，I_p-$v^{1/2}$ 图为通过坐标原点的直线，从直线的斜率即可求出反应粒子的扩散系数 D_O。

(2) 电化学步骤控制的完全不可逆体系

对于完全不可逆反应 $O+ne^- \longrightarrow R$，当条件与式(4-29) 相同时，反应的峰电流可以表示为：

$$I_p=2.99\times10^5 n^{3/2}SD_O^{1/2}\alpha^{1/2}v^{1/2}c_O^0 \tag{4-35}$$

式中，α 为传递系数，其他参数与式(4-29) 相同，与可逆过程相同。当 c_O^0 一定时，I_p 与 $v^{1/2}$ 成正比；当 v 一定时，I_p 与 c_O^0 成正比。对于不可逆过程，由于可逆反应不能进行，反向扫描时不会出现峰电流。不可逆过程其峰电位 φ_p 可表示为

$$\varphi_p=\varphi_e^0-\frac{RT}{\alpha nF}\left[0.783+\ln\frac{D_O^{1/2}}{K}+\ln\frac{(\alpha nFv)^{1/2}}{RT}\right] \tag{4-36}$$

式中，φ_e^0 为标准平衡电极电位，V；K 为标准速度常数，cm/s。

从式(4-36) 可以看出 φ_p 是扫描速度的函数，且扫描速度 v 每增加 10 倍，φ_p 向负方向移动 $30/\alpha n$ mV（25℃时）。

当 $n=1$，$\alpha=0.5$ 时，I_p(不可逆) $=0.785I_p$(可逆)。

将式(4-35) 与式(4-36) 联立可得出峰电流与峰电位的关系为：

$$\ln I_p=\ln(0.227nFc_O^0SK)-\frac{\alpha nFv}{RT}(\varphi_p-\varphi_e^0) \tag{4-37}$$

由此可知，在不同的扫描速度下，以 $\ln I_p$ 与 $\varphi_p-\varphi_e^0$ 作图，由直线的斜率和截距可求出 αn 和 K。

以上特征是指简单的电荷传递反应，如在电极表面产生吸附，那么在循环伏安曲线上将会出现吸附峰、脱附峰。如吸附、脱附为可逆过程，那么在正向和反向扫描时，同样会出现对称的吸附峰、脱附峰。

三、实验仪器与试剂

1.仪器：电化学工作站，计算机及打印机，研究电极（铂丝电极），辅助电极（铂片电极），参比电极（饱和甘汞电极）。

2.试剂：$K_3Fe(CN)_6$（分析纯），$K_2Fe(CN)_4$（分析纯），KCl（分析纯）。

四、实验步骤

① 配制 $K_3Fe(CN)_6$、$K_2Fe(CN)_4$ 和 KCl 的 100 mL 水溶液，使 $K_3Fe(CN)_6$、$K_2Fe(CN)_4$ 和 KCl 的浓度分别为 0.1 $mol \cdot L^{-1}$、0.1 $mol \cdot L^{-1}$ 和 1 $mol \cdot L^{-1}$，放入电解池，按照仪器操作说明连接好测量线路。

② 接通电化学工作站和计算机电源，在计算机上选择循环伏安技术（cyclic voltametry，CV），并测量开路电位（open circuit potential），选择参数：Lnit E(V)＝0.45，High E(V)＝0.45，Low E(V)＝－0.05，Scan Rate(V/s)＝0.05，Segment＝2，Smpl Interval(V)＝0.001，Quiet Time(s)＝2，Sensitivity(A/V)＝$1e^{-5}$。

③ 分别测出扫描速度为 50 $mV \cdot s^{-1}$、40 $mV \cdot s^{-1}$、30 $mV \cdot s^{-1}$、20 $mV \cdot s^{-1}$、10 $mV \cdot s^{-1}$ 时的循环伏安曲线，并将所有的循环伏安曲线叠加到同一张图上。

五、数据处理

1.从循环伏安曲线上求出$\frac{I_{pa}}{I_{pe}}$和 $[\varphi_{pe}-\varphi_{pa}]$，判断电极过程是否可逆。

2.如果是可逆反应，根据可逆反应过程的特征，求出 $[Fe(CN)_6]^{3-}$ 还原反应的电子数 n，半波电位 $\varphi_{1/2}$。

3.在不同扫描速度下作 I_p-$v^{1/2}$ 图，求出 $[Fe(CN)_6]^{3-}$ 离子扩散系数 D_O。

六、思考题

1. 怎样判断电极过程是否可逆？
2. 不同扫描速度对 I_p 有何影响？为什么？

实验十二　电动势及电极电势的测定

一、实验目的

1. 学习电极电势测定的基本原理和方法。
2. 分别测定下列各电池的电动势：

(1) $Hg(l)|Hg_2Cl_2(s)|KCl$(饱和)$\|H^+$(待测定)$|H_2(g)$

求 HCl 溶液的 pH。

(2) $Hg(l)|Hg_2Cl_2(s)|KCl$(饱和)$\|AgNO_3(0.02\ mol\cdot L^{-1})|Ag(s)$

求室温下 Ag^+ 浓度为 $0.02\ mol\cdot L^{-1}$ 的阴极的电极电位 $E_{(Ag^+|Ag)}$。

(3) $Ag(s)|AgCl(s)|KCl(0.02\ mol\cdot L^{-1})\|AgNO_3\ (0.02\ mol\cdot L^{-1})|Ag(s)$

求室温下难溶盐 AgCl 溶度积。

二、实验原理

原电池是由两个电极（半电池）组成，电池的电动势 E 是两个电极电势的差值（假设两电极溶液互相接触而产生的接触电势已经用盐桥除掉）。设左方电极（负极）的电极电势 $\varphi_{左}$（IUPAC 规定 φ 为还原电势，即为得到电子的还原反应电势，电极反应均写成还原反应形式），右方（正极）为 $\varphi_{右}$，一般规定

$$E=\varphi_{右}-\varphi_{左} \tag{4-38}$$

电极电势的大小与电极性质、溶液中有关离子的活度及温度有关。在电化学中电极电势的数值是相对值，通常将标准氢电极（$p=100$ kPa，$a_{H^+}=1$）的电极电势定为零，将它作为负极与待测电极组成一原电池，此电池的电动势即为该待测电极的电极电势。电动势测定的原理图如图 4-21 所示。

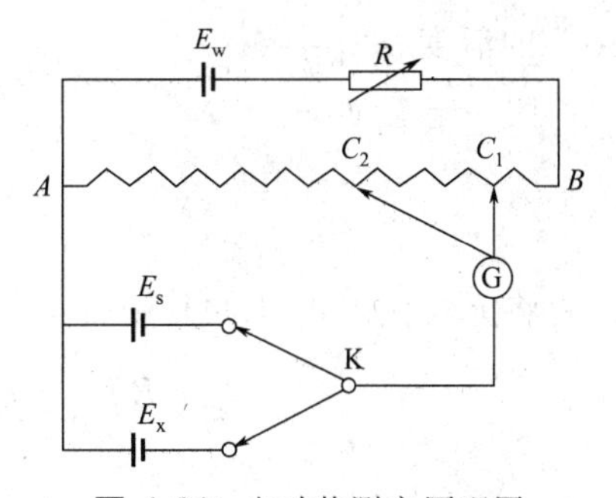

图 4-21　电动势测定原理图

E_w—工作电池；E_s—标准电池；E_x—被测电池；K—切换开关；R—可变电阻；AB—滑线电阻；G—平衡指示

由于使用氢电极较麻烦，故常用其他可逆电极作为比较电极，常用的比较电极有甘汞电极、氯化银电极等。

无论哪一类型的电极，它们的电极电势都可以用下列公式表示：

$$\varphi=\varphi^{\ominus}-\frac{RT}{zF}\ln\prod_{B}a_{B}{}^{\nu_{B}}=\varphi^{\ominus}-\frac{RT}{zF}\ln\frac{a_{还原态}}{a_{氧化态}} \tag{4-39}$$

整理为：

$$\varphi=\varphi^{\ominus}+\frac{0.000198T}{z}\lg\frac{a_{氧化态}}{a_{还原态}} \tag{4-40}$$

式中，φ 为该电极的标准电极电势，与温度有关；z 为电极反应的转移电子数；T 为绝对温度；a_B 为电极发生还原反应时物质 B（电极）的活度；ν_B 为化学计量系数。

本实验中电池（1）的电动势 E_a 为：

$$E_a=(\varphi^{\ominus}_{氢醌}+0.000198T\lg a_{H^+})-\varphi_{饱和甘汞} \tag{4-41}$$

则

$$pH=-\lg a_{H^+}=(\varphi^{\ominus}_{氢醌}-\varphi_{饱和甘汞}-E_a)/0.000198T \tag{4-42}$$

测出该电池的电动势 E_a，且已知该温度下 $\varphi^{\ominus}_{氢醌}$ 和 $\varphi_{饱和甘汞}$，由式(4-42) 即可求出 HCl 溶液的 pH。

电池（2）的电动势 E_b 为：

$$E_b=\varphi_{Ag^+|Ag}-\varphi_{饱和甘汞} \tag{4-43}$$

测出 E_b，且已知该温度下的 $\varphi_{饱和甘汞}$ 即可求 $\varphi_{Ag^+|Ag}$。

Ag｜AgCl 电极是 Ag 浸在含有 AgCl 沉淀（镀在 Ag 电极上）的 KCl 溶液中，实际上等于 Ag 和极稀 Ag^+ 所形成的电极，且 Ag^+ 的浓度由 Cl^- 所控制，因在一定温度下 $a_{Cl^-}\cdot a_{Ag^+}=K_{sp}$（$K_{sp}$ 是 AgCl 的溶度积，一定温度下为常数）。而右面电极是 Ag 浸在较浓 Ag^+ 溶液中所形成的电极，所以这两个电极组成的电池实际是一个浓差电池，其电动势为：

$$E=\frac{RT}{F}\ln\frac{a''_{Ag^+}}{a'_{Ag^+}} \tag{4-44}$$

式中，a''_{Ag^+} 为 $AgNO_3$ 溶液中 Ag^+ 的活度；a'_{Ag^+} 为在含有 AgCl 沉淀的 KCl 溶液中 Ag^+ 的活度。

因一定温度下：

$$a'_{Ag^+}=\frac{K_{sp}}{a'_{Cl^-}} \tag{4-45}$$

将上式代入式(4-44) 则得：

$$E=\frac{RT}{F}\ln\frac{a''_{Ag^+}a'_{Cl^-}}{K_{sp}}=0.000198T\lg\frac{c_2^+\gamma_2^+c_1^-\gamma_1^-}{K_{sp}} \tag{4-46}$$

式中，c_2^+、γ_2^+ 分别为 $AgNO_3$ 溶液中 Ag^+ 的物质的量浓度和活度系数；c_1^-、γ_1^- 分别为 KCl 溶液中 Cl^- 的物质的量浓度和活度系数。

由实验测得上列电池的电动势，且已知 c_2^+、γ_2^+、c_1^-、γ_1^-，则可求出该温度下 AgCl 的溶解度积 K_{sp}。

1-1 型强电解质，当浓度为 0.02 mol·L^{-1} 时，$\gamma^+=\gamma^-=\gamma^{\pm}=0.86$。

电极电势和电动势测定在生产和科学实验中应用广泛，例如测定溶液中的 pH、溶液浓度、电位等，求难溶盐类的溶度积，测定离子的价数，测定电解质溶液的活度系数。此外，电极电势测定的原理在生产中可用于自动控制，如自动控制反应的 pH，提高产品的质量和产量。

三、实验仪器与试剂

1. 仪器：数字式电子电位差计（1 台），Ag、Pt、氯化银电极（各 1 支），饱和甘汞电极（1 支），标准电池（1 块），烧杯（50 mL，4 个）。

2. 试剂：KCl（饱和溶液），KCl（0.02 mol·L^{-1}），HCl（0.1 mol·L^{-1}），氢醌，$AgNO_3$（0.200 mol·L^{-1}），NH_4NO_3，琼脂。

四、实验步骤

1. 制备盐桥

将约 25 mL 蒸馏水、2 g NH_4NO_3 及 0.3～0.4 g 琼脂放入烧杯中加热，并不断用玻璃棒搅拌，待琼脂溶解后停止加热，冷却后凝成胶冻即可使用。

2. 电极的制备

① 饱和甘汞电极（由实验室制备）：使用时注意如有气泡应排除，甘汞电极使用后勿倒掉！

② 氢醌电极：将待测 HCl 溶液倒入一支半电池管内，加入少量氢醌使其过饱和，插入一支洗净擦干的铂电极。

③ 银电极：用砂纸将 Ag 电极的表面擦亮，再用少量 0.02 mol·L^{-1} $AgNO_3$ 溶液冲洗，插入盛有 0.02 mol·L^{-1} $AgNO_3$ 溶液的半电池管内。

④ 氯化银电极：用少量 0.02 mol·L^{-1} KCl 溶液冲洗已镀好 AgCl 的 Ag|AgCl 电极，然后插入盛有 0.02 mol·L^{-1} KCl 溶液的半电池管中。

3. 预热

打开数字电位差计电源，预热 15～20 min。

4. 调标准（视仪器选择下列一种调标准的方法）

① 外标：将电极引线按正极、负极插入外标位置，接通标准电池，选择旋钮打到外标位置，将标准电动势给定，按校准按钮使平衡指示为零。

② 内标：将选择旋钮打到内标位置，给定 1 V 电动势，按校准按钮使平衡指示为零。

5. 测电池电动势

将电极引线按正极、负极插入测量位置，接通原电池，选择旋钮打到“测量”位置，调挡使平衡指示为零，读数。更换电极重复以上操作测量另两个电池的电动势。

6. 结束实验

实验完毕拆除线路和仪器电源，将饱和甘汞电极放回饱和 KCl 溶液中保存，其他试剂倒入废液桶中，清洗电极和烧杯，整理仪器。

五、数据处理

1. 求室温下 HCl 溶液的 pH。
2. 求室温下 Ag|$AgNO_3$（0.02 mol·L^{-1}）的电极电势。
3. 求室温下 AgCl 的溶度积。

六、思考题

1. 如何测定电动势，其原理是什么？
2. 标准电池的作用是什么？应如何维护？
3. 使用盐桥的目的是什么？为什么盐桥要有琼脂？本实验能否用 KCl 作盐桥？

实验十三　蔗糖水解的一级反应

一、实验目的

1. 了解蔗糖转化反应体系中各物质浓度与旋光度之间的关系。
2. 测定蔗糖转化反应的速率常数和半衰期。
3. 了解旋光仪的基本原理，掌握其使用方法。

二、实验原理

蔗糖的转化反应如下：

$$C_{12}H_{22}O_{11}(\text{蔗糖})+H_2O \longrightarrow C_6H_{12}O_6(\text{葡萄糖})+C_6H_{12}O_6(\text{果糖})$$

为使水解反应加速，常以酸为催化剂，故反应在酸性介质中进行。由于反应中水是大量的，可以认为整个反应中溶液的浓度基本是恒定的。而 H^+ 是催化剂，其浓度也是固定的。所以，此反应可视为假一级反应。其动力学方程为

$$\frac{dc}{dt}=-kc \tag{4-47}$$

式中，k 为反应速率常数；c 为时间 t 时的反应物浓度。

将式(4-47) 积分得：

$$\ln c=-kt+\ln c_0 \tag{4-48}$$

式中，c_0 为反应物的初始浓度。当 $c=1/2c_0$ 时，t 可用 $t_{1/2}$ 表示，即为反应的半衰期。由式(4-48) 可得：

$$t_{1/2}=\ln 2/k=0.693/k \tag{4-49}$$

蔗糖及水解产物均为旋光物质，但它们的旋光能力不同，故可以利用体系在反应过程中

旋光度的变化来衡量反应的进程。溶液的旋光度与溶液中所含旋光物质的种类、浓度、溶剂的性质、液层厚度、光源波长及温度等因素有关。

为了比较各种物质的旋光能力，引入比旋光度的概念。比旋光度可用下式表示：

$$[\alpha]_D^T=\frac{\alpha}{lc} \tag{4-50}$$

式中，T 为实验温度，℃；D 为光源波长；α 为旋光度；l 为液层厚度，m；c 为浓度，$kg\cdot m^{-3}$。

由式(4-50) 可知，当其他条件不变时，旋光度 α 与浓度 c 成正比，即

$$\alpha=Kc \tag{4-51}$$

式中，K 是一个与物质旋光能力、液层厚度、溶剂性质、光源波长、温度等因素有关的常数。

在蔗糖的水解反应中，反应物蔗糖是右旋性物质，其比旋光度 $[\alpha]_D^{20}=66.6°$。产物中葡萄糖也是右旋性物质，其比旋光度 $[\alpha]_D^{20}=52.5°$；而产物中的果糖则是左旋性物质，其比旋光度 $[\alpha]_D^{20}=-91.9°$。因此，随着水解反应的进行，右旋角不断减小，最后经过零点变成左旋。旋光度与浓度成正比，并且溶液的旋光度为各组成的旋光度之和。若反应时间为 0、t、∞时，溶液的旋光度分别用 α_0、α_t、α_∞ 表示，则：

$$\alpha_0=K_{反}\,c_0(\text{表示蔗糖未转化}) \tag{4-52}$$

$$\alpha_\infty=K_{生}\,c_0(\text{表示蔗糖已完全转化}) \tag{4-53}$$

式(4-52)、式(4-53) 中的 $K_{反}$ 和 $K_{生}$ 分别为对应反应物与产物之比例常数。

$$\alpha_t=K_{反}\,c+K_{生}(c_0-c) \tag{4-54}$$

由式(4-52)、式(4-53)、式(4-54) 三式联立可以解得：

$$c_0=(\alpha_0-\alpha_\infty)/(K_{反}-K_{生})=K'(\alpha_0-\alpha_\infty) \tag{4-55}$$

$$c_t=(\alpha_t-\alpha_\infty)/(K_{反}-K_{生})=K'(\alpha_t-\alpha_\infty) \tag{4-56}$$

将式(4-55)、式(4-56) 两式代入式 (4-48) 即得：

$$\ln(\alpha_t-\alpha_\infty)=-kt+\ln(\alpha_0-\alpha_\infty) \tag{4-57}$$

由式(4-57) 可见，以 $\ln(\alpha_t-\alpha_\infty)$ 对 t 作图为一直线，由该直线的斜率即可求得反应速率常数 k，进而可求得半衰期 $t_{1/2}$。

三、实验仪器与试剂

1. 仪器：旋光仪（1 台），恒温旋光管（1 支），恒温槽（1 套），托盘天平（1 台），停表（1 块），烧杯（100 mL，1 个），移液管（25 mL，2 支），容量瓶（50 mL，2 个），带塞三角瓶（100 mL，2 个）。

2. 试剂：HCl 溶液（$4\ mol\cdot L^{-1}$），蔗糖（分析纯）。

四、实验步骤

1. 接恒温水

将恒温槽调节到 (25.0±0.1)℃恒温，然后在恒温旋光管中接上恒温水（如图 4-22 所示）。

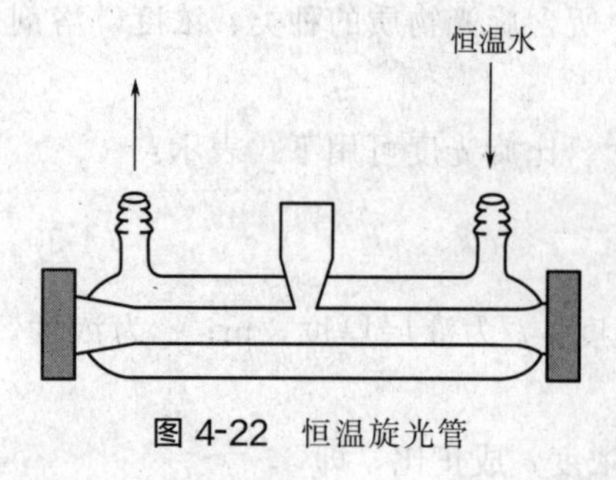

图 4-22 恒温旋光管

2. 旋光仪零点的校正

洗净恒温旋光管，将管子一端的盖子旋紧，向管内注入蒸馏水，把玻璃片盖好，使管内无气泡存在。再旋紧套盖，勿使漏水。用吸水纸擦净旋光管，再用擦镜纸将管两端的玻璃片擦净。放入旋光仪中盖上槽盖，打开光源，调节目镜使视野清晰，然后旋转检偏镜至观察到的三分视野暗度相等为止，记下检偏镜之旋转角 α，重复操作三次，取其平均值，即为旋光仪的零点。

3. 蔗糖水解过程中 α_t 的测定

用托盘天平称取 10 g 蔗糖，放入 100 mL 烧杯中，加入适量蒸馏水搅拌溶解后，转入 50 mL 容量瓶中定容配成溶液（若溶液浑浊则需过滤）。用移液管取 25 mL 蔗糖溶液置于 100 mL 带塞三角瓶中。移取 25 mL 4 mol·L^{-3} HCl 溶液于另一 100 mL 带塞三角瓶中。一起放入恒温槽内，恒温 10 min。取出两个三角瓶，将 HCl 迅速倒入蔗糖中，来回倒三次，使之充分混合。并且在加入 HCl 时开始计时，将混合液装满旋光管（操作同装蒸馏水相同）。装好擦净立刻置于旋光仪中，盖上槽盖。测量不同时间 t 时溶液的旋光度 α_t。测定时要迅速准确，当将三分视野暗度调节相同后，先记下时间，再读取旋光度。每隔一定时间，读取一次旋光度，开始时，可每 1 min 读一次，30 min 后，每 2 min 读一次，测定 1 h。

4. α_∞ 的测定

将步骤（3）中剩余的混合液置于近 60℃ 的水浴中，恒温 30 min 以加速反应，然后冷却至实验温度，按上述操作，测定其旋光度（每分钟测定一次，至少测定 10min，测定至数值稳定为止），此值即可认为是 α_∞。

5. 结束实验

将恒温槽调节到（30.0±0.1）℃ 恒温，按实验步骤（3）、（4）测定 30.0℃ 时的 α_t 及 α_∞。

注意事项：

[1] 装样品时，旋光管管盖旋至不漏液体即可，不要用力过猛，以免压碎玻璃片。

[2] 在测定 α_∞ 时，加热可使反应速率加快促进转化完全。但加热温度不要超过 60℃。

[3] 由于酸对仪器有腐蚀，操作时应特别注意，避免酸液滴漏到仪器上。实验结束后必须将旋光管洗净。

[4] 旋光仪中的钠光灯不宜长时间开启，测量间隔较长时应熄灭，以免损坏。

五、数据处理

1. 将实验数据记录于下表。

温度：＿＿＿＿＿＿＿＿；压强：＿＿＿＿＿＿＿；

盐酸浓度：＿＿＿＿＿＿＿；α_∞：＿＿＿＿＿＿＿

反应时间	α_t	$\alpha_t-\alpha_\infty$	$\ln(\alpha_t-\alpha_\infty)$

2. 以 $\ln(\alpha_t-\alpha_\infty)$ 对 t 作图，由所得直线的斜率求出反应速率常数 k。

3. 计算蔗糖转化反应的半衰期 $t_{1/2}$。

4. 由两个温度测得的 k 计算反应的活化能。

六、思考题

1. 实验中，为什么用蒸馏水来校正旋光仪的零点？在蔗糖转化反应过程中，所测的旋光度 α_t 是否需要零点校正？为什么？

2. 蔗糖溶液为什么可粗略配制？

3. 蔗糖的转化速率和哪些因素有关？

4. 在测定 α_∞ 时，其数值有什么变化规律，为什么？

实验十四　乙酸乙酯皂化反应速率常数的测定

一、实验目的

采用电导法测定乙酸乙酯皂化反应在不同时刻的反应物浓度，验证其为二级反应，并求反应速率常数。

二、实验原理

乙酸乙酯的皂化反应是双分子反应，其反应式为：

$$CH_3COOC_2H_5+Na^+OH^-\longrightarrow CH_3COO^-Na^++C_2H_5OH$$

在反应过程中，各物质的浓度随时间而改变，不同反应时间的 OH^- 浓度，可以用标准酸进行滴定求得，也可以通过间接测量溶液的电导率而求出。为了处理方便起见，在设计这个实验时将反应物 $CH_3COOC_2H_5$ 和 NaOH 采用相同浓度 c_0 作为起始浓度。设反应时间为 t，反应所生成的 CH_3COONa 和 C_2H_5OH 的浓度为 x，那么，$CH_3COOC_2H_5$ 和 NaOH 的浓度则为 c_0-x，即

$$\begin{array}{lcccc} & CH_3COOC_2H_5 & +\ NaOH & \longrightarrow CH_3COONa & +\ C_2H_5OH \\ t=0 & c_0 & c_0 & 0 & 0 \\ t=t & c_0-x & c_0-x & x & x \\ t\rightarrow\infty & 0 & 0 & x\rightarrow c_0 & x\rightarrow c_0 \end{array}$$

因此反应是双分子反应，所以时间为 t 的反应速率和反应物浓度的关系为

$$\mathrm{d}x/\mathrm{d}t=k(c_0-x)^2 \tag{4-58}$$

式中，k 为反应速率常数。

将上式积分可得：

$$kt=\frac{x}{c_0(c_0-x)} \tag{4-59}$$

从式(4-59) 中可看出，起始浓度 c_0 是已知的，只要测出 t 时的 x 值，就可算出反应速率常数 k 值。首先假定整个反应体系是在稀释的水溶液中进行的，因此可以认为 CH_3COONa 是全部电离的，在本实验中通过测量溶液的电导率求算 x 值的变化，参与导电的离子有 Na^+、OH^- 和 CH_3COO^-，而 Na^+ 在反应前后浓度不变，由于 OH^- 不断减少而 CH_3COO^- 不断增加，所以体系的电导值不断下降。

显然，体系电导值的减少量和 CH_3COONa 的浓度 x 的增大成正比，即：

t 时刻
$$x=K(G_0-G_t)=K'(\kappa_0-\kappa_t) \tag{4-60}$$

$t\to\infty$ 时
$$c_0=K(G_0-G_\infty)=K'(\kappa_0-\kappa_\infty) \tag{4-61}$$

式中，G_0、κ_0 分别为起始时体系的电导、电导率；G_t、κ_t 分别为 t 时体系的电导、电导率；G_∞、κ_∞ 分别为 $t\to\infty$ 时体系的电导和电导率；K、K' 分别为比例常数。

将式(4-60) 和式(4-61) 代入式(4-59) 得

$$\frac{G_0-G_t}{G_t-G_\infty}=c_0kt \quad 或 \quad \frac{\kappa_0-\kappa_t}{\kappa_t-\kappa_\infty}=c_0kt \tag{4-62}$$

从式(4-62) 可知，只要测定了 κ_0、κ_∞ 以及一组 κ_t 值以后，以 $\frac{\kappa_0-\kappa_t}{\kappa_t-\kappa_\infty}$ 对 t 作图，应得一条直线，直线的斜率就是反应速率常数 k 值和原始浓度 c_0 的乘积。k 的单位为 $\mathrm{min^{-1}\cdot mol^{-1}\cdot L}$。

三、实验仪器与试剂

1. 仪器：电导率仪（1 台），恒温槽水浴（1 套），秒表（1 只），烘干试管（4～5 支），移液管（15 mL，2 支）。

2. 试剂：NaOH（0.0200 $\mathrm{mol\cdot L^{-1}}$，新鲜配制），NaOH（0.0100 $\mathrm{mol\cdot L^{-1}}$，使用蒸馏水稀释 0.0200 $\mathrm{mol\cdot L^{-1}}$ NaOH 即得），CH_3COONa（0.0100 $\mathrm{mol\cdot L^{-1}}$，新鲜配制），$CH_3COOC_2H_5$（0.0200 $\mathrm{mol\cdot L^{-1}}$，新鲜配制）。

四、实验步骤

1. 电导仪的调节

见仪器操作说明。

2. κ_∞ 和 κ_0 的测量

将 0.0100 $\mathrm{mol\cdot L^{-1}}$ 的 CH_3COONa 装入干净的试管中，液面约高出铂黑片 1 cm 为宜。

将试管浸入25℃（或30℃）恒温槽内10 min，然后接通电导率仪，测定其电导率，即为κ_{∞}。按上述相同操作，测定0.0100 mol·L^{-1}的NaOH溶液的电导率为κ_0。

测量时，每一种溶液都必须重复三次取平均值。注意：每次往电导池中装新样品时，都要先用蒸馏水淋洗电导池及铂黑电极三次，接着用所测液淋洗三次。

3. κ_t的测量

将电导池的铂黑电极浸于另一盛有蒸馏水的试管中，并将试管置于恒温槽恒温。用移液管移取15 mL 0.0200mol·L^{-1} NaOH溶液注入干燥试管中，用另一支移液管移取15 mL 0.0200 mol·L^{-1} $CH_3COOC_2H_5$注入另一支试管中，两试管的管口均用塞子塞紧，防止$CH_3COOC_2H_5$挥发。将两支试管置于恒温槽中恒温10 min。然后，将两试管中的溶液混合在一支试管中，将铂黑电极从恒温的蒸馏水中取出并用该混合液淋洗数次，随即插入盛有混合液的试管中进行电导率测定，测定时间为每隔5 min测量一次，半小时后，每隔10 min测量一次，反应进行到1 h后可停止测量。

测量结束后，重新测量κ_{∞}，看是否与反应前测量的值一致。实验结束后，应将铂黑电极浸入蒸馏水中，试管洗净放入烘箱。

五、数据处理

1. 计算κ_0、κ_{∞}的平均值。

项目	1	2	3	平均
κ_0/mS·cm^{-1}				
κ_{∞}/mS·cm^{-1}				

2. 将t、κ_t、$\kappa_0-\kappa_t$、($\kappa_t-\kappa_{\infty}$)、($\kappa_0-\kappa_t$)/($\kappa_t-\kappa_{\infty}$)列出如下数据表。

t/min	5	10	15	20	25	30	40	50	60
κ_t/mS·cm^{-1}									
($\kappa_0-\kappa_t$)/mS·cm^{-1}									
($\kappa_t-\kappa_{\infty}$)/mS·cm^{-1}									
($\kappa_0-\kappa_t$)/($\kappa_t-\kappa_{\infty}$)									

3. 以（$\kappa_0-\kappa_t$）/($\kappa_t-\kappa_{\infty}$）对t作图，得一条直线。由直线的斜率可计算出皂化反应的速率常数k。

六、思考题

1. 为何本实验要在恒温条件下进行，而且$CH_3COOC_2H_5$和NaOH溶液在混合前还要预先恒温？

2. 如果NaOH和$CH_3COOC_2H_5$起始浓度不相等，应怎样计算k值？

3. 如何从实验结果来验证乙酸乙酯皂化反应为二级反应？

实验十五　过氧化氢的催化分解

一、实验目的

1. 测定一级反应速率常数 k，验证反应速率常数 k 与反应物浓度无关。

2. 通过改变催化剂浓度实验，得出反应速率常数 k 与催化剂浓度有关。

二、实验原理

H_2O_2 在常温条件下缓慢分解，在有催化剂的条件下，分解速率明显加快，其反应的方程式为：

$$H_2O_2 \longrightarrow H_2O + \frac{1}{2}O_2$$

在有催化剂（如 KI）的条件下，其反应机理为：

$$H_2O_2 + KI \longrightarrow KIO + H_2O \tag{1}$$

$$2KIO \longrightarrow 2KI + O_2 \tag{2}$$

其中反应式(1) 的反应速率比反应式(2) 的反应速率慢，所以 H_2O_2 催化分解反应的反应速率主要由反应式(1) 决定。如果假设该反应为一级反应，其反应速率计算公式如下：

$$\frac{dc_{H_2O_2}}{dt} = k'c_{HI}c_{H_2O_2} \tag{4-63}$$

在反应过程中，由于 KI 不断再生，故其浓度不变，与 k' 合并仍为常数，并令其等于 k，上式可简化为

$$-\frac{dc_{H_2O_2}}{dt} = kc_{H_2O_2} \tag{4-64}$$

积分后为

$$\ln\frac{c_t}{c_0} = -kt \tag{4-65}$$

式中，c_0 为 H_2O_2 的初始浓度；c_t 为反应到 t 时刻的 H_2O_2 浓度；k 为 KI 作用下 H_2O_2 催化分解反应速率常数。

反应速率的大小可用 k 来表示，也可用半衰期 $t_{1/2}$ 来表示。半衰期表示反应物浓度减少一半时所需的时间，即将 $c=c_0/2$ 代入式(4-65) 得：

$$t_{1/2} = \ln 2/k \tag{4-66}$$

关于 t 时刻的 H_2O_2 浓度的求法有许多种，本实验是通过测量反应所生成的氧的体积量

来表示，因为在分解过程中，在一定时间内，所产生的氧的体积与已分解的 H_2O_2 浓度成正比，其比例常数是一个定值。

$$H_2O_2 \longrightarrow H_2O + \frac{1}{2}O_2$$

$$\begin{array}{llll} t=0 & c_0 & 0 & 0 \\ t=t & c_t=c_0-x & x & \frac{1}{2}x \end{array}$$

$$c_t = K(V_\infty - V_t) \tag{4-67}$$

$$c_0 = KV_\infty \tag{4-68}$$

式中，V_∞ 为 H_2O_2 全部分解所产生的氧气的体积；V_t 为反应到 t 时刻时所产生的氧气的体积；x 为反应到 t 时刻时 H_2O_2 已分解的浓度；K 为比例常数。

将上两式代入速率方程式(4-65) 中，可得到：

$$\ln\frac{c_t}{c_0} = \ln\frac{V_\infty - V_t}{V_\infty} = -kt \tag{4-69}$$

即

$$\ln(V_\infty - V_t) = -kt + \ln V_\infty \tag{4-70}$$

如果以 t 为横坐标，以 $\ln(V_\infty - V_t)$ 为纵坐标，若得到一条直线，即可验证 H_2O_2 催化分解反应为一级反应，由直线的斜率即可求出速率常数 k 值。

而 V_∞ 可通过测定 H_2O_2 的初始浓度计算得到，即：

$$V_\infty = \frac{c_{H_2O_2} V_{H_2O_2} RT}{2p} \tag{4-71}$$

式中，p 为氧的分压，由大气压减去该实验温度下水的饱和蒸气压得到；$c_{H_2O_2}$ 为 H_2O_2 的初始浓度；$V_{H_2O_2}$ 为实验中所取用的 H_2O_2 的体积；R 为摩尔气体常数；T 为实验温度（K）。

三、实验仪器与试剂

1. 仪器：氧气的测量装置（1 套），秒表（1 块），量筒（10 mL，1 个），移液管（25 mL，2 支；10 mL、5 mL，各 1 支），容量瓶（100 mL，1 个），锥形瓶（150 mL，3 个；250 mL，2 个），酸式滴定管（50 mL，1 个）。

2. 试剂：H_2O_2 溶液（约 $1.5\ mol \cdot L^{-1}$），$KMnO_4$ 溶液（约 $0.02\ mol \cdot L^{-1}$），KI 溶液（$0.1\ mol \cdot L^{-1}$），KI 溶液（$0.05 mol \cdot L^{-1}$），H_2SO_4（$3 mol \cdot L^{-1}$）。

四、实验步骤

① 装好仪器（如图 4-23 所示）。熟悉量气管及水准瓶的使用，使锥形瓶与量气管相通，产生液差，检查系统是否漏气。

② 调节水准瓶，使量气管内水位固定在“0”处，转动三通活塞使量气管与锥形瓶

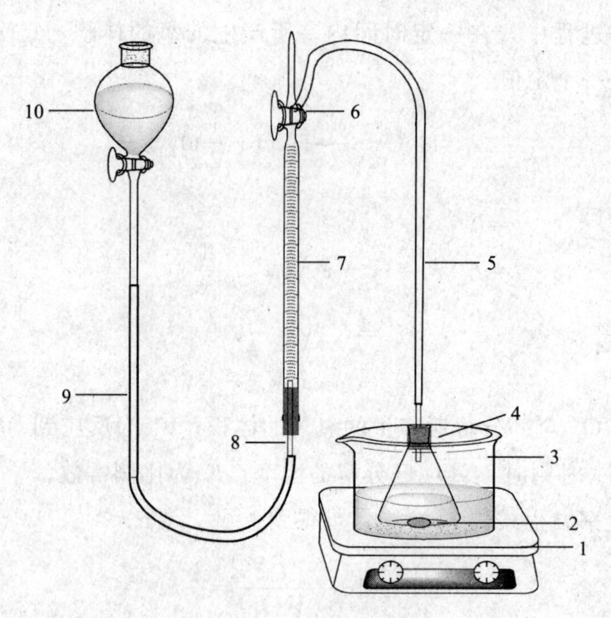

图 4-23 实验反应装置

1—恒温磁力搅拌器；2—搅拌磁子；3—油浴锅；4—锥形瓶；
5—橡胶连接管；6—三通活塞；7—量气管；8—玻璃连接管；
9—橡胶连接管；10—水准瓶

连通。

③ 用移液管取 25 mL 0.1 $mol \cdot L^{-1}$ KI 溶液及 5 mL 蒸馏水注入洗净烘干的锥形瓶中（为什么要烘干?），并加入磁搅拌子。

④ 用移液管取 5 mL H_2O_2 溶液注入瓶中，速将橡皮塞塞紧，开动电磁搅拌器，同时开动秒表计时，此后保持量气管与水准瓶中的水液面在同一平面上，每放出 5 mL 氧气记录一次时间，至放出 50 mL 氧气为止。

⑤ 按照同样方法，改变药品用量做以下实验：

a. 25 mL 0.1 $mol \cdot L^{-1}$ KI 溶液加 10 mL H_2O_2 溶液。

b. 25 mL 0.05 $mol \cdot L^{-1}$ KI 溶液加 10 mL H_2O_2 溶液。

⑥ 按照同样方法，改变温度（25℃、30℃、35℃）进行实验。

⑦ 测定所用 H_2O_2 的准确浓度：H_2O_2 浓度用已知浓度的 $KMnO_4$ 溶液滴定，由所用 $KMnO_4$ 的体积和浓度计算出 H_2O_2 浓度。其反应如下：

$$5H_2O_2 + 2KMnO_4 + 3H_2SO_4 = 2MnSO_4 + K_2SO_4 + 8H_2O + 5O_2$$

操作方法如下：用移液管取 10 mL H_2O_2 于 100 mL 容量瓶中，加蒸馏水至刻度，取其 10 mL 于 250 mL 锥形瓶中，加 3 $mol \cdot L^{-1}$ H_2SO_4 5 mL（H_2SO_4 起酸性介质作用）。使用标准 $KMnO_4$ 溶液滴定时，刚开始滴定一定要缓慢，以后可稍快（这是因为反应产物 Mn^{2+} 起催化剂作用，为一自催化反应），滴至溶液呈淡粉色为止。重复滴定两次，计算出 H_2O_2 浓度。

五、数据处理

1. 数据记录。

温度：________℃；大气压：________ kPa；$KMnO_4$ 浓度：________ mol · L^{-1}。$KMnO_4$ 的体积：V_1 ________ mL，V_2 ________ mL，V ________ mL。

2. 计算所用 H_2O_2 浓度。

3. 求 V_∞

4. 三组实验中反应物的组成数据记录如下。

项目	Ⅰ	Ⅱ	Ⅲ
c_{KI}/mol · L^{-1}			
V_{KI}/mL			
$V_{H_2O_2}$/mL			
V_{H_2O}/mL			

5. 各组反应实验记录。

$V_{H_2O_2}$/mL	t/min			$\ln[(V_\infty - V_t)/mL]$	
	Ⅰ	Ⅱ	Ⅲ	5 mL H_2O_2	10 mL H_2O_2
5					
10					
15					
20					
25					
30					
35					
40					
45					
50					
k/min^{-1} $t_{1/2}$/min					

6. 将三组结果分别以 $\ln[(V_\infty - V_t)/mL]$ 为纵坐标、t 为横坐标作图，由直线斜率求反应速度常数 k 值及半衰期 $t_{1/2}$，并将结果填入上表。

7. 从实验结果回答以下问题：

① k 值与所用 H_2O_2 浓度的关系。

② $t_{1/2}$（半衰期）与 H_2O_2 浓度的关系。

③ k 值与所用 KI 浓度的关系。

六、思考题

1. 在反应的过程中，搅拌起什么作用？搅拌情况为什么均应相同？

2. 测定 H_2O_2 催化分解反应速率常数 k 的意义？

3. H_2O_2 催化分解为什么是一级反应？一级反应的特征是什么？如何由作图法求反应速率常数 k？

4. 分析反应速率常数 k 与哪些因素有关？这些因素与在实验中所得的 k 值有何关系？

5. 通过哪些方法可获得 V_∞？如何获得？

实验十六　溶液表面吸附及表面张力的测定

一、实验目的

1. 熟悉用最大泡压法测定表面张力的原理和方法。

2. 了解一定温度下浓度对表面张力的影响。

3. 掌握利用吉布斯吸附方程计算吸附量与浓度的方法。

二、实验原理

1. 溶液表面吸附的原理

表面张力是物质的一种特性，对液体尤为显著和重要。从热力学观点看，液体表面缩小为一个自发过程，是体系总吉布斯自由能减少的过程。如欲使液体产生新的表面积 ΔA，就需消耗一定量的功 W_r，其大小与 ΔA 成正比，即 $-W_r=\gamma\Delta A$，而等温、等压下 $\Delta G=-W_r$，如果 $\Delta A=1\ m^2$，则 $-W_r=\gamma=\Delta G_{表}$，表面在等温下形成 $1\ m^2$ 的新表面所需的可逆功，即为吉布斯自由能的增加，故亦叫比表面吉布斯自由能。其单位习惯上多用 $J\cdot m^{-2}$ 表示。从物理学角度来看，它是作用在单位长度界面上的力，故亦称表面张力，其单位习惯上用 $N\cdot m^{-1}$ 表示。

表面张力的产生是由表面分子受力不均匀引起的，当一种物质掺入后，对某些液体（包括内部和表面）及固体的表面结构会带来显著的影响，则必然引起表面张力，即比表面吉布斯自由能的改变。根据吉布斯自由能最小原理，溶质能降低液体（溶剂）的比表面吉布斯自由能时，表面层溶质的浓度比内部大；若使比表面吉布斯自由能增加，则溶质在表面层的浓度比内部小。这两种表面浓度与内部浓度不同的现象都叫溶液的表面吸附，显然在指定温度和压力下，溶质的吸附量与溶液的表面张力和溶液的浓度有关。由热力学方法可导出它们之间的关系式，即吉布斯（Gibbs）等温吸附方程式：

$$\Gamma=-\frac{c}{RT}\left(\frac{\partial\gamma}{\partial c}\right)_T \tag{4-72}$$

式中，Γ 为表面吸附量，$mol \cdot m^{-2}$；γ 为比表面吉布斯自由能，$J \cdot m^{-2}$；T 为绝对温度，K；c 为溶液浓度，$mol \cdot L^{-1}$；R 为摩尔气体常数，8.314 $J \cdot mol^{-1} \cdot K^{-1}$。

当$\left(\frac{\partial \gamma}{\partial c}\right)_T<0$ 时，$\Gamma>0$，称为正吸附；当$\left(\frac{\partial \gamma}{\partial c}\right)_T>0$ 时，$\Gamma<0$，称为负吸附。

溶于溶剂中能使其比表面吉布斯自由能 γ 显著降低的物质称为表面活性物质（即产生正吸附的物质）；反之，称为表面惰性物质（即产生负吸附的物质）。

通过实验应用吉布斯等温吸附方程式可作出浓度与表面吸附量的关系曲线：先测定在同一温度下的各种浓度溶液的 γ，绘出 γ-c 曲线，将曲线上某一浓度 c 对应的斜率$\left(\frac{\partial \gamma}{\partial c}\right)_T$ 代入吉布斯等温吸附公式，就可求出表面吸附量。

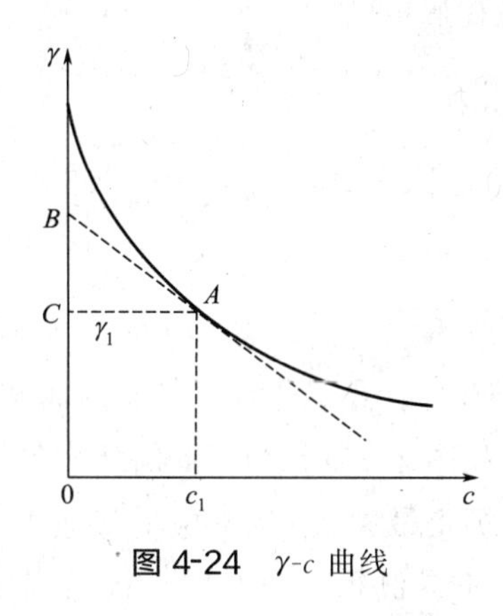

图 4-24　γ-c 曲线

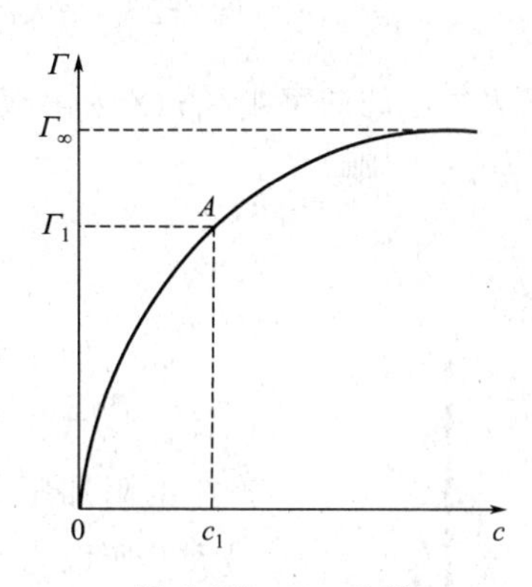

图 4-25　Γ-c 曲线

如图 4-24 所示，在 γ-c 曲线上作点 A 的切线交纵轴于点 B，再通过点 A 作一条平行横轴的线交纵轴于点 C，则有如下的关系式：

$$c_1 \frac{d\gamma}{dc}=\overline{BC} \qquad 即 \qquad \Gamma_1=\frac{\overline{BC}}{RT} \tag{4-73}$$

由以上方法可算出适当间隔（浓度）的对应 Γ 值，便可作出 Γ-c 曲线，如图 4-25 所示。标有 Γ_∞ 的虚线表示吸附已达饱和，此时即使溶质的浓度再增加，表面浓度也不再增加，其表面张力也不继续下降。

2. 表面张力的测定方法

测量表面张力的方法很多，如毛细管上升法、滴重法、拉环法等，而最大气泡压力法较方便，应用较多。其中最大泡压法测表面张力的一种简单的实验装置如图 4-26 所示。基本原理是：将待测表面张力的液体装于试管中，使毛细管的端口与液体表面刚好接触，液面沿毛细管上升，打开滴液漏斗的玻璃活塞，液滴的加入可达到缓慢增压的目的，此时毛细管内液面上受到一个比试管液面上大的压力，当此压力差稍大于毛细管端产生的气泡内的附加压力时，气泡就冲出毛细管。此压力差 Δp 和气泡内的附加压力 $p_{附}$ 始终维持平衡。压力差 Δp 可由压力计读出。

气泡内的附加压力：

$$p_{附}=\frac{2\gamma}{r} \tag{4-74}$$

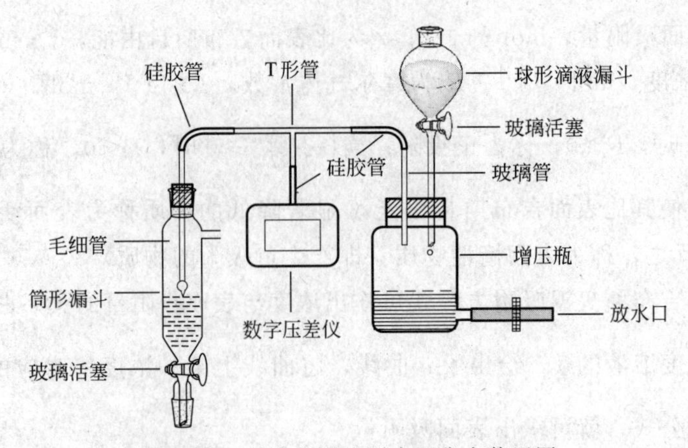

图 4-26　最大泡压法测表面张力装置图

式中，r 为气泡的曲率半径；γ 为溶液的表面张力。

由于 $\Delta p = p_{附}$，则

$$\gamma = \frac{r}{2}\Delta p \tag{4-75}$$

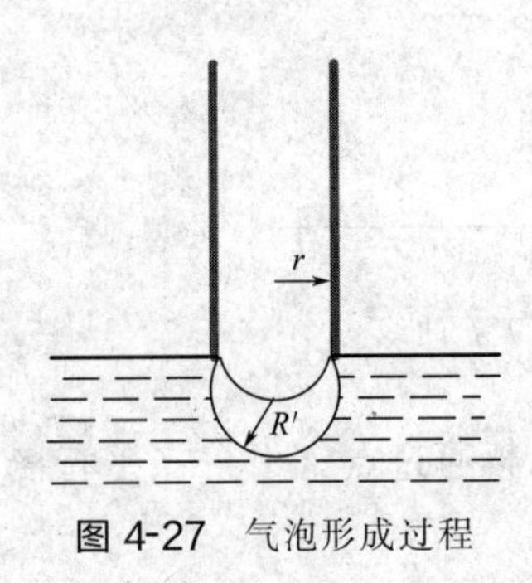

图 4-27　气泡形成过程

此附加压力与表面张力成正比，与气泡的曲率半径成反比。因此，只有气泡半径等于毛细管半径时，气泡的曲率半径最小，产生的附加压力最大（如图 4-27 所示），此时压力计上的 Δp 也最大。所以当压力计上测得最大 Δp 时对应的气泡半径即为毛细管半径。因毛细管半径不易测得，但对同一仪器来说，它是一个常数，即$\frac{r}{2}=$常数，所以设为 K（仪器常数），则式(4-75)变为

$$\gamma = K\Delta p \tag{4-76}$$

用已知表面张力 γ_0 的液体测其最大压力差 Δp_0，则 $K=\frac{\gamma_0}{\Delta p_0}$，代入上式即可测得任何溶液的 γ 值。

三、实验仪器与试剂

1. 仪器：数字压力计（1 台）；最大泡压法测表面张力仪（1 套）。

2. 试剂：0.02 $mol \cdot L^{-1}$、0.04 $mol \cdot L^{-1}$、0.06 $mol \cdot L^{-1}$、0.08 $mol \cdot L^{-1}$、0.10 $mol \cdot L^{-1}$、0.15 $mol \cdot L^{-1}$、0.20 $mol \cdot L^{-1}$、0.40 $mol \cdot L^{-1}$、0.60 $mol \cdot L^{-1}$、0.80 $mol \cdot L^{-1}$ 的正丁醇或乙醇溶液（需配制不同浓度的溶液），未知浓度的正丁醇或乙醇溶液，去离子水。

四、实验步骤

1. 仪器的清洗

将表面张力测定装置中的试管和毛细管用洗液浸泡数分钟后，用自来水及蒸馏水冲洗干

净，不要在玻璃面上留有水珠，使毛细管有很好的润湿性。

2. 仪器常数的测定

在滴液漏斗中装满水，塞紧塞子。在筒形漏斗中注入少量蒸馏水，装好毛细管，并使其尖端处刚好与液面接触（多余液体可放掉）。为检查仪器是否漏气，打开滴水增压，在微压差计上有一定压力显示，关闭开关，停 1 min 左右，若微压差计显示的压力值不变，说明仪器不漏气。再打开活塞继续滴水增压，空气泡便从毛细管下端逸出，控制使空气泡逸出速率为每分钟 20 个左右，可以观察到，当空气泡破坏时，微压差计显示的压力值最大（使用微压差计前，用三通阀使其与大气相通，按下“采零”键，显示“0000”以保证测压准确）。读取微压差计压力值至少 3 次（根据需要，多次测量，以保证数据相对可靠），求平均值。由已知蒸馏水的表面张力 γ_0（可查表）及实验测得的压力值 Δp_0，可算出仪器常数 K 值。

3. 已知浓度的乙醇或正丁醇溶液系列表面张力的测定

把表面张力仪中的蒸馏水倒掉，用少量待测溶液将内部及毛细管冲洗 2～3 次，然后倒入要测定的乙醇或正丁醇溶液。从最稀溶液开始，依次测定较浓的溶液。此后，按照与测量仪器常数的相同操作进行测定。

4. 未知浓度乙醇或正丁醇溶液系列表面张力的测定

同步骤 3 操作，用少量待测溶液将内部及毛细管冲洗 2～3 次，然后倒入要测定的乙醇或正丁醇溶液，按照与测量仪器常数的相同操作进行测定。

五、数据处理

1. 计算仪器常数并计算溶液的表面张力。

已知水的表面张力 $\gamma_{水}$ 求出 $K=\gamma_{水}/\Delta p_{max,水}$，进而算出各不同浓度溶液的 $\gamma_c=K\Delta p_{max,c}$。

温度：________℃，大气压：________℃，水的表面张力 $\gamma_0=$________ $N \cdot m^{-1}$，仪器常数 $K=$________。

$c/mol \cdot L^{-1}$	$\Delta p_{max}/Pa$				$\gamma \times 10^2/N \cdot m^{-1}$	$\Gamma \times 10^6/mol \cdot m^{-2}$
	1	2	3	平均值		

2. 以浓度 c 为横坐标，以 γ 为纵坐标，作出 γ-c 曲线图。

3. 在 γ-c 图上取若干点，求其 BC，计算 Γ，并作出 Γ-c 吸附等温线。

六、思考题

1. 为何必须调节毛细管尖端与液面相切？否则对实验有何影响？

2. 最大气泡法测定表面张力时为什么要读最大压力差？如果气泡逸出得很快，或几个气泡一起出，对实验结果有无影响？

3. 压差计显示的数据有何变化规律？为什么？

4. 温度和压力的变化对测定结果有何影响？

5. 对同一溶液进行测定时，每次脱出气泡一个或连串两个所读结果是否相同，为什么？

实验十七　固体在溶液中的吸附等温线的测定

一、实验目的

1. 学习使用表面张力法测定固体在溶液中的吸附量。

2. 了解溶液吸附法测定吸附量的基本原理。

二、实验原理

实验表明在一定浓度范围内，活性炭对有机酸的吸附符合朗格缪尔（Langmuir）吸附方程：

$$\Gamma=\Gamma_{\infty}\frac{Kc}{1+Kc} \tag{4-77}$$

式中，Γ 表示吸附量，通常指单位质量吸附剂上吸附溶质的物质的量；Γ_{∞} 表示饱和吸附量；c 表示吸附平衡时溶液的浓度；K 为常数。将式（4-77）整理可得：

$$\frac{c}{\Gamma}=\frac{1}{K\Gamma_{\infty}}+\frac{c}{\Gamma_{\infty}} \tag{4-78}$$

作 c/Γ-c 图，得一条直线，由此直线的斜率和截距即可求得常数 K。如果用正丁醇作吸附质测定活性炭的比表面积则可按下式计算：

$$S_0=\Gamma_{\infty}\times 6.022\times 10^{23}\times 24.3\times 10^{-20} \tag{4-79}$$

式中，S_0 为比表面积，$m^2\cdot kg^{-1}$；Γ_{∞} 为饱和吸附量，$mol\cdot kg^{-1}$；6.022×10^{23} 为阿伏伽德罗常数；24.3×10^{-20} 为每个正丁醇分子所占据的面积，m^2。

三、实验仪器与试剂

1. 仪器：带塞锥形瓶（250mL，8个），滴定管（1支），漏斗，量筒，移液管，电动振荡器（1台）。

2. 试剂：活性炭，正丁醇溶液。

四、实验步骤

① 准备8个洗净干燥的带塞锥形瓶，分别称取约1 g（准确到0.001 g）的活性炭，并

将 8 个锥形瓶编号，用量筒量取 25 mL 各种不同浓度的正丁醇溶液分别依次装入编号的锥形瓶中。注意量筒标签所示浓度与量取的正丁醇溶液的浓度要一致。

② 用磨口瓶塞塞好，并在塞上加橡皮圈以防塞子脱落，摇动锥形瓶，使活性炭均匀悬浮于正丁醇溶液中，然后将锥形瓶放在振荡器上，盖好固定板，振荡 20 min。

③ 振荡后，用干燥漏斗过滤，将过滤后的溶液按实验十六“溶液表面吸附及表面张力的测定”的方法测定表面张力。

④ 由实验绘制的 γ-c 对应曲线，根据相应步骤测定表面张力的大小，从曲线上找到此过滤溶液的对应浓度。

五、数据记录与处理

1. 将实验数据列表。

瓶号	活性炭质量 /kg	起始浓度 /$mol \cdot dm^{-3}$	平衡浓度 c /$mol \cdot dm^{-3}$	吸附量 Γ /$mol \cdot kg^{-1}$	$c\Gamma^{-1}$ /$kg \cdot dm^{-3}$
1					
2					
3					
4					
5					

2. 计算各瓶中正丁醇的起始浓度 c_0、平衡浓度 c 及吸附量 Γ。

$$\Gamma=\frac{c_0-c}{m}V$$

式中，V 为溶液的总体积，L；m 为加入溶液中吸附剂质量，kg。

3. 以吸附量 Γ 对平衡浓度 c 作等温线。

4. 作 c/Γ-c 图，并求出 Γ_∞ 和常数 K。

六、思考题

1. 同一浓度溶液的吸附前后的表面张力有何变化？为什么有这种变化趋势？
2. 不同活性炭的用量对测量结果有何影响？

实验十八　溶胶的制备和电性能的测定

一、实验目的

1. 学会制备和纯化 $Fe(OH)_3$ 溶胶。

2. 掌握电泳法测定 $Fe(OH)_3$ 溶胶电动电势的原理和方法。

二、实验原理

1. 溶胶的制备与纯化

溶胶的制备方法可分为分散法和凝聚法。分散法是采用适当方法把较大的物质颗粒变为胶体粒子大小的质点从而得到溶胶，如机械法、电弧法等。凝聚法是先制成难溶物的分子（或离子）的过饱和溶液，再使之相互结合成胶体粒子而得到溶胶，如化学反应法、变换分散介质法等。$Fe(OH)_3$ 溶胶就是采用化学凝聚法制备，即通过化学反应使生成物呈过饱和状态，然后粒子再结合成溶胶。反应式如下：

$$FeCl_3 + 3H_2O \xrightarrow{\text{沸腾}} \underset{\text{(红棕色溶液)}}{Fe(OH)_3} + 3HCl$$

由上述方法制备的胶体体系中常有其他杂质存在，从而影响其稳定性，因此必须纯化。常用的纯化方法是半透膜渗析法。

2. 电泳与 ξ 电势

在胶体分散体系中，由于胶体本身的电离或胶粒对某些离子的选择性吸附，胶粒的表面带有一定的电荷。在外电场作用下，胶粒向异性电极定向泳动，这种胶粒向正极或负极移动的现象称为电泳。荷电的胶粒与分散介质间的电势差称为电动电势，用符号 ζ 表示（或称为 ζ 电势），电动电势的大小直接影响胶粒在电场中的移动速度。原则上，任何一种胶体的电动现象都可以用来测定电动电势，其中最方便的是用电泳现象中的宏观法来测定，也就是通过观察溶胶与另一种不含胶粒的导电液体的界面在电场中移动速度来测定电动电势。ζ 电势与胶粒的性质、介质成分及胶体的浓度有关。在指定条件下，ζ 的数值可根据亥姆霍兹（Helmholtz）方程式计算，即

$$\zeta = \frac{K\pi\eta v}{\varepsilon H}(\text{静电单位}) \quad \text{或} \quad \zeta = \frac{K\pi\eta v}{\varepsilon H} \times 300(\text{V}) \tag{4-80}$$

式中，K 为与胶粒形状有关的常数（对于球形胶粒 $K=6$，棒形胶粒 $K=4$，本实验中 $Fe(OH)_3$ 胶粒均按棒形粒子看待）；η 为介质的黏度，$Pa \cdot s$；ε 为介质的介电常数；v 为电泳速度，$cm \cdot s^{-1}$；H 为电位梯度，即单位长度上的电位差。

$$H = \frac{E}{300L}(\text{静电单位} \cdot cm^{-1}) \tag{4-81}$$

式中，E 为外电场在两极间的电位差，V；L 为两极间的距离，cm；300 为将伏特表示的电位改成静电单位的转换系数。把式(4-81) 代入式(4-80) 得：

$$\zeta = \frac{4\pi\eta L v 300^2}{\varepsilon E}(\text{V}) \tag{4-82}$$

由式 (4-82) 知，对于一定溶胶而言，若固定 E 和 L 测得胶粒的电泳速度（$v=dt$，d 为胶粒移动的距离，t 为通电时间），就可以求算出 ζ 电势。

三、实验仪器与试剂

1. 仪器：直流稳压电源（1台），万用电炉（1台），电泳管（1支），电导率仪（1台），直流电压表（1台），秒表（1块），铂电极（2支），锥形瓶（250 mL，1个），烧杯（800 mL、250 mL、100 mL，各1个），超级恒温槽（1台），容量瓶（100 mL，1个）。

2. 试剂：火棉胶液，$FeCl_3$（10%）溶液，KCNS（1%）溶液，$AgNO_3$（1%）溶液，稀 HCl 溶液。

四、实验步骤

1. $Fe(OH)_3$ 溶胶的制备及纯化

（1）半透膜的制备

在一个内壁洁净、干燥的250 mL锥形瓶中，加入约10 mL火棉胶液，小心转动锥形瓶，使火棉胶液黏附在锥形瓶内壁上形成均匀薄层，倾出多余的火棉胶于回收瓶中。此时锥形瓶仍需倒置，并不断旋转，待剩余的火棉胶流尽，使瓶中的乙醚蒸发至已闻不出气味为止（此时用手轻触火棉胶膜，已不黏手）。然后再往瓶中注满水（若乙醚未蒸发完全，加水过早，则半透膜发白），浸泡10 min。倒出瓶中的水，小心用手分开膜与瓶壁间隙。慢慢注水于夹层中，使膜脱离瓶壁，轻轻取出，在膜袋中注入水，观察是否有漏洞，如有小漏洞，可将此洞周围擦干，采用玻璃棒蘸火棉胶补之。制好的半透膜不用时，要浸放在蒸馏水中。

（2）用水解法制备 $Fe(OH)_3$ 溶胶

在250 mL烧杯中，加入100 mL蒸馏水，加热至沸，慢慢滴入5 mL 10% $FeCl_3$ 溶液，并不断搅拌，加毕，继续保持沸腾5 min，即可得到红棕色的 $Fe(OH)_3$ 溶胶，其结构式可表示为 $\{[Fe(OH)_3]_m nFeO^+ \cdot (n-x)\ Cl^-\}^{x+} xCl^-$。在胶体体系中存在过量的 H^+、Cl^- 等离子需要除去。

（3）用热渗析法纯化 $Fe(OH)_3$ 溶胶

将制得的40 mL $Fe(OH)_3$ 溶胶，注入半透膜内并用线拴住袋口，置于800 mL的清洁烧杯中，杯中加蒸馏水约300 mL，维持温度在60℃左右，进行渗析。每30 min换一次蒸馏水，2 h后取出1 mL渗析水，分别用1% $AgNO_3$ 溶液及1% KCNS溶液检查是否存在 Cl^- 及 Fe^{3+}。如果仍存在，应继续换水渗析，直到检查不出为止，将纯化过的 $Fe(OH)_3$ 溶胶移入一只清洁干燥的100 mL小烧杯中待用。

2. 配制 HCl 溶液作为辅助液

调节恒温槽温度为（25.0±0.1）℃，利用电导率仪测定 $Fe(OH)_3$ 溶胶在25℃时的电导率，然后配制与之相同电导率的 HCl 溶液。根据25℃时 HCl 电导率-浓度关系，用内插法求算与该电导率对应的 HCl 浓度，并在100mL容量瓶中配制该浓度的 HCl 溶液。

3. 装置仪器和连接线路

按图4-28电泳仪示意图所示，用蒸馏水洗净电泳管后，从中间漏斗加入渗析好的

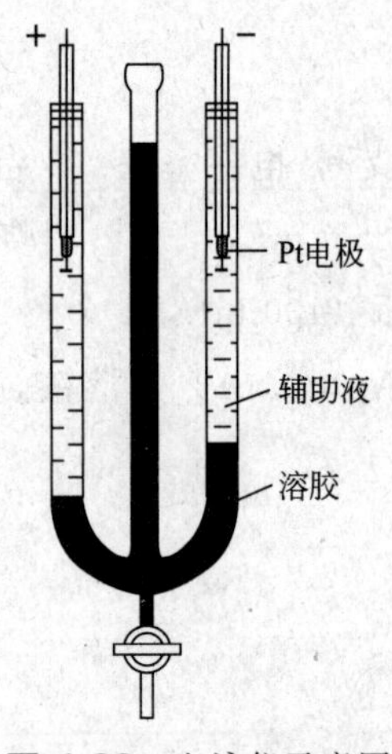

图 4-28 电泳仪示意图

$Fe(OH)_3$ 溶胶，直至 U 形管两端 10 cm 刻度处。然后，使用滴管沿 U 形管壁加入适量的 HCl 辅助液（U 形管两端辅助液面高度相同），将两支铂黑电极插入 U 形管内，并将两支 Pt 电极连接仪器接口正负极。

4. 测定溶胶电泳速度

线路连接好后，按照仪器操作说明，打开电源开关，将恒压电源开关拨至电压挡，并将电压迅速调至 50～100 V。通电后，立即计时，并准确记下此时溶胶在电泳管中的液面高度位置和伏特计上的电压读数 E。约 1h 后断开电源，记下准确的通电时间 t，并记录 U 形管两端溶胶在电泳管中的液面高度位置（根据前后位置可求出溶胶的上升距离 d）。用线测量两电极之间的距离，重复测量 5 次，取其平均值 L（注：两电极之间的距离是指 U 形管的导电距离，可沿 U 形管外壁测量，而不是两电极之间的水平距离）。也可采取多次记录距离和相应通电时间的方法计算电泳速度 v，即以 U 形管一端的溶胶液面为基准（如正极端），分别记录溶胶液面移动 0.50 cm、1.00 cm、1.50 cm、2.00 cm 等距离时所用时间，根据所移动距离以及相应时间可计算移动不同距离时的速度，然后取各速度平均值即为溶胶电泳速度。

实验结束后，关闭电源，拆除线路。使用自来水清洗电泳管多次，再用蒸馏水洗涤一次，U 形管中加入蒸馏水浸泡 Pt 电极。

注意事项：

[1] 利用公式(4-82) 求算 ζ 时，各物理量的单位都需用 CGS 单位制，有关数值从相关表中查得。如果改用 SI 单位制，相应的数值也应改换。对于水的介电常数，应考虑温度校正，由以下公式求得：

$$\ln\varepsilon_T = 4.474226 - 4.54426 \times 10^{-3} T$$

式中，T 为温度，℃。

[2] 在制备半透膜时，一定要使整个锥形瓶的内壁上均匀地附着一层火棉胶液，在取出半透膜时，一定要借助水的浮力将膜托出。

[3] 制备 $Fe(OH)_3$ 溶胶时，$FeCl_3$ 一定要逐滴加入，并不断搅拌。

[4] 纯化 $Fe(OH)_3$ 溶胶时，换水后要渗析一段时间再检查 Fe^{3+} 及 Cl^- 的存在。

[5] 量取两电极的距离时，要沿电泳管的中心线量取。

五、数据处理

1. 将实验数据记录如下：电泳时间（s）________；电压（V）________；两电极间距离（cm）________；溶胶液面移动距离（cm）________。

2. 将数据代入公式(4-82) 中计算 ζ 电势。

六、思考题

1. 本实验中所用的稀盐酸溶液的电导率为什么必须和所测溶胶的电导率相等或尽量接近？
2. 电泳速度与哪些因素有关？
3. 在电泳测定中如不用辅助液体，把两电极直接插入溶胶中会发生什么现象？

实验十九　磁化率的测定

一、实验目的

1. 测定物质的摩尔磁化率，推算分子磁矩，估计分子内未成对电子数，判断分子配键的类型。
2. 掌握古埃（Gouy）磁天平测定磁化率的原理和方法。

二、实验原理

1. 摩尔磁化率和分子磁矩

物质在外磁场 H_0 作用下，由于电子等带电体的运动，会被磁化而感应出一个附加磁场 H'。物质被磁化的程度用磁化率 χ 表示，它与附加磁场强度和外磁场强度的比值有关：$H'=4\pi\chi H_0$。其中 χ 为无量纲量，称为物质的体积磁化率，简称磁化率，表示单位体积内磁场强度的变化，反映了物质被磁化的难易程度。化学上常用摩尔磁化率 χ_m 表示磁化程度，它与 χ 的关系为 $\chi_m=\dfrac{\chi M}{\rho}$，式中，$M$、$\rho$ 分别为物质的摩尔质量与密度，χ_m 的单位为 $m^3 \cdot mol^{-1}$。

物质在外磁场作用下的磁化现象有三种。第一种，物质的原子、离子或分子中没有自旋未成对的电子，即它的分子磁矩 $\mu_m=0$。当它受到外磁场作用时，内部会产生感应的"分子电流"，相应产生一种与外磁场方向相反的感应磁矩，如同线圈在磁场中产生感应电流，这一电流的附加磁场方向与外磁场相反。这种物质称为反磁性物质，如 Hg、Cu、Bi 等。它的 χ_m 称为反磁磁化率。第二种，物质的原子、离子或分子中存在自旋未成对的电子，它的电子角动量总和不等于零，分子磁矩 $\mu_m \neq 0$。这些杂乱取向的分子磁矩受到外磁场作用时，其方向总是趋向于与外磁场同方向，这些物质称为顺磁性物质，用 $\chi_{顺}$ 表示，如 Mn、Cr、Pt 等。但它在外磁场作用下也会产生反向的感应磁矩，因此它的 χ_m 是顺磁磁化率与反磁磁化率之和。因顺磁磁化率远大于反磁磁化率，对于所有顺磁性物质，$\chi_m>0$。第三种，物质被磁化的强度随着外磁场强度的增加而剧烈增强，而且在外磁场消失后其磁性并不消失，这种物质称为铁磁性物质。

对于顺磁性物质而言，摩尔顺磁性磁化率与分子磁矩 μ_m 的关系可由居里-郎之万公式表示：

$$\chi_m=\chi_{顺}=\frac{L\mu_0\mu_m^2}{3kT} \tag{4-83}$$

式中，L 为阿伏伽德罗常数，$6.022\times10^{23}\ \mathrm{mol^{-1}}$；$k$ 为玻尔兹曼常数，$1.3806\times10^{-23}\ \mathrm{J\cdot K^{-1}}$；$\mu_0$ 为真空磁导率，$4\pi\times10^{-7}\mathrm{N\cdot A^{-2}}$；$T$ 为热力学温度，K。该公式可作为由实验测定磁化率来研究物质内部结构的依据。

分子磁矩 μ_m 由分子内未配对的电子数 n 决定，其关系为：

$$\mu_m=\mu_B\sqrt{n(n+2)} \tag{4-84}$$

式中，μ_B 为玻尔磁子，是磁矩的自然单位，$\mu_B=9.274\times10^{-24}\mathrm{J\cdot T^{-1}}$（T 为磁感应强度的单位，即特斯拉）。求得 n 值后可以进一步判断有关络合物分子的配键类型。例如，Fe^{2+} 在自由离子状态下的外层电子结构为 $3d^6 4s^0 4p^0$。如以它作为中心离子与 6 个 H_2O 配位体形成 $[Fe(H_2O)_6]^{2+}$ 络合离子，是电价络合物。其中 Fe^{2+} 仍然保持原自由离子状态下的电子层结构，此时 $n=4$；如果 Fe^{2+} 与 6 个 CN^- 配位体形成 $[Fe(CN)_6]^{4-}$ 络合离子，则是共价络合物。这时其中 Fe^{2+} 的外电子层结构发生变化，$n=0$。显然，其中 6 个空轨道形成 d^2sp^3 的 6 个杂化轨道，它们能接受 6 个 CN^- 中的 6 对孤对电子，形成共价配键。

2. 摩尔磁化率的测定

本实验用古埃磁天平测定物质的摩尔磁化率 χ_m。一个截面积为 A 的样品管，装入高度为 h、质量为 m 的样品后，放入非均匀磁场中。样品管底部位于磁场强度最大之处，即磁极中心线上，此处磁场强度为 H。样品最高处磁场强度为零。前已述及，对于顺磁性物质，此时产生的附加磁场与原磁场同向，即物质内磁场强度增大，在磁场中受到吸引力。设 χ_0 为空气的体积磁化率，可以证明，样品管内样品受到的力为：

$$F=\frac{1}{2}A(\chi-\chi_0)H^2 \tag{4-85}$$

并考虑到 χ_0 值很小，相应的项可以忽略，可得

$$F=\frac{1}{2}\times\frac{m\chi_m\mu_0H^2}{Mh} \tag{4-86}$$

在磁天平法中利用精度为 0.1 mg 的电子天平间接测量 F 值。设 Δm_0 为装样品后在有磁场和无磁场时的称量值的变化，则

$$F=(\Delta m-\Delta m_0)g \tag{4-87}$$

式中，g 为重力加速度。因此有

$$\chi_m=\frac{2(\Delta m-\Delta m_0)ghM}{\mu_0mH^2} \tag{4-88}$$

磁场强度 H 可用已知磁化率的莫尔氏盐标定。莫尔氏盐的摩尔磁化率 χ_m^B 与热力学温度 T 的关系为：

$$\chi_m^B=\frac{9500}{T+1}\times4\pi M\times10^{-9}(\mathrm{m^3\cdot mol^{-1}}) \tag{4-89}$$

式中，M 为莫尔氏盐的摩尔质量，$\mathrm{kg\cdot mol^{-1}}$。

三、实验仪器与试剂

1. 仪器：古埃磁天平（包括磁极、励磁电源、电子天平等），玻璃样品管，装样品工具（包括研钵、角匙、小漏斗等）。

2. 试剂：莫尔氏盐 [$(NH_4)_2SO_4 \cdot FeSO_4 \cdot 6H_2O$]，亚铁氰化钾 [$K_4[Fe(CN)_6] \cdot 3H_2O$]，硫酸亚铁（$FeSO_4 \cdot 7H_2O$）。

四、实验步骤

1. 采用莫尔氏盐标定在特定励磁电流下的磁场强度 H

① 取一支清洁、干燥的空样品管，悬挂在天平一端的挂钩上，使样品管的底部在磁极中心连线上。准确称量空样品管。然后将励磁电流电源接通，依次称量电流在 2.0 A、4.0 A、6.0 A 时的空样品管。接着将电流调至 7.0 A，然后减小电流，再依次称量电流在 6.0 A、4.0 A、2.0 A 时的空样品管。将励磁电流降为零时，断开电源开关，再称量一次空样品管。由此可求出样品管质量 m_0 及电流在 2.0 A、4.0 A、6.0 A 时的 Δm_0（应重复一次取平均值）。上述调节电流由小到大，再由大到小的测定方法，是为了抵消实验时磁场剩磁现象的影响。

② 取下样品管，装入莫尔氏盐（在装填时要不断将样品管底部敲击木垫，使样品粉末填实），直到样品高度约 15 cm 为止。准确测量样品高度 h，测量电流为零时莫尔氏盐的质量 m_B 及 2.0 A、4.0 A、6.0 A 时的 Δm_B 的平均值。

2. 样品的摩尔磁化率测定

向标定磁场强度的样品管中分别装入亚铁氰化钾与硫酸亚铁，同上要求测定其 h、m 以及 2.0 A、4.0 A、6.0 A 时的 Δm。

五、数据处理

1. 由莫尔氏盐的磁化率和实验数据，计算各特定励磁电流相应的磁场强度值，并与高斯计测量值进行比较。

2. 由亚铁氰化钾与硫酸亚铁的实验数据，分别计算和讨论在 $I_1=2.0$ A，$I_2=4.0$ A，$I_3=6.0$ A 时的 χ_m、μ_m 以及未成对电子数 n。

3. 试讨论亚铁氰化钾和硫酸亚铁中的二价铁离子的外电子层结构和配键类型。

六、思考题

1. 简述用古埃磁天平法测定磁化率的基本原理。

2. 本实验中为什么样品装填高度要求在 15 cm 左右？试用本实验仪器，设计一种实验方法加以验证。

3. 在不同的励磁电流下测定的样品摩尔磁化率是否相同？为什么？实验结果若不同，应如何解释？

4. 从摩尔磁化率如何计算分子内未成对电子数？如何判断其配键类型？

附录

基础化学实验常用数据表

附表 1 国际单位制基本单位

量的名称	单位名称	单位符号	量的名称	单位名称	单位符号
长度	米	m	热力学温度	开[尔文]	K
质量	千克	kg	物质的量	摩[尔]	mol
时间	秒	s	发光强度	坎[德拉]	cd
电流	安[培]	A			

附表 2 国际单位制辅助单位

量的名称	单位名称	单位符号	量的名称	单位名称	单位符号
平面角	弧度	rad	立体角	球面度	sr

附表 3 具有专门名词的国际单位制导出单位

量的名称	单位名称	单位符号	其他表示	量的名称	单位名称	单位符号	其他表示
力	牛[顿]	N	$kg \cdot m \cdot s^{-2}$	电容	法[拉]	F	$C \cdot V^{-1}$
压力、压强、应力	帕[斯卡]	Pa	$N \cdot m^{-2}$	电感	亨[利]	H	$Wb \cdot A^{-1}$
能、功、热量	焦[耳]	J	$N \cdot m$	频率	赫[兹]	Hz	s^{-1}
功率	瓦[特]	W	$J \cdot s^{-1}$	磁通量	韦[伯]	Wb	$V \cdot s$
电量、电荷	库[仑]	C	$A \cdot s$	磁通量密度、磁感应强度	特[斯拉]	T	$Wb \cdot m^{-2}$
电位、电压、电动势	伏[特]	V	$W \cdot A^{-1}$	摄氏温度	摄氏度	℃	K
电阻	欧[姆]	Ω	$V \cdot A^{-1}$	光通量	流明	lm	$cd \cdot sr$
电导	西[门子]	S	$A \cdot V^{-1}$	光照度	勒[克斯]	lx	$lm \cdot m^{-2}$

⊡ 附表 4 希腊字母表

名称	国际音标	正体		斜体		symbol 字体对应大小写字母
		大写	小写	大写	小写	
alpha	/ˈælfə/	A	α	A	α	A,a
beta	/ˈbeɪtə/	B	β	B	β	B,a
chi	/kaɪ/	X	χ	X	χ	C,c
delta	/ˈdeltə/	Δ	δ	Δ	δ	D,d
epsilon	/ˈepsɪlɒn/	E	ε	E	ε	E,e
phi	/faɪ/	Φ	ϕ 或 φ	Φ	ϕ	F,f
gamma	/ˈgæmə/	Γ	γ	Γ	γ	G,g
eta	/ˈiːtə/	H	η	H	η	H,h
iota	/aɪˈəʊtə/	I	ι	I	ι	I,i
		ϑ	φ	ϑ	φ	J,j
kappa	/ˈkæpə/	K	κ	K	κ	K,k
lambda	/ˈlæmdə/	Λ	λ	Λ	λ	L,l
mu	/mjuː/	M	μ	M	μ	M,m
nu	/njuː/	N	ν	N	ν	N,n
omicron	/əuˈmaikrən/	O	o	O	o	O,o
pi	/paɪ/	Π	π	Π	π	P,p
theta	/ˈθiːtə/	Θ	θ	Θ	θ	Q,q
rho	/rəʊ/	P	ρ	P	ρ	R,r
sigma	/ˈsɪgmə/	Σ	σ	Σ	σ	S,s
tau	/taʊ/	T	τ	T	τ	T,t
upsilon	/ˌipsilon/	Υ	υ	Y	υ	U,u
		ς	ϖ	ς	ϖ	V,v
omega	/ˈəʊmɪgə/	Ω	ω	Ω	ω	W,w
xi	/ksi/	Ξ	ξ	Ξ	ξ	X,x
psi	/psaɪ/	Ψ	ψ	Ψ	ψ	Y,y
zeta	/ˈziːtə/	Z	ζ	Z	ζ	Z,z

⊡ 附表 5 基本物理常数

名称	符号	数值（保留四位小数）	单位(SI)
重力加速度	g	9.8067	$m \cdot s^{-2}$
万有引力常数	G	6.6726×10^{-11}	$N \cdot m^2 \cdot kg^{-2}$
真空介电常数	ε_0	8.8542×10^{-12}	$F \cdot m^{-1}$
真空中光速	c_0	2.9979×10^{8}	$m \cdot s^{-1}$
电子的质量	m_e	9.1095×10^{-31}	kg
质子的质量	m_p	1.6726×10^{-27}	kg
中子的质量	m_n	1.6749×10^{-27}	kg
基本电荷	e	1.6022×10^{-19}	C
电子的比电荷	e/m_e	1.7588×10^{-11}	$C \cdot kg^{-1}$

续表

名称	符号	数值（保留四位小数）	单位(SI)
电子半径	r_e	2.8179×10^{-15}	m
普朗克常数	h	6.6261×10^{-34}	J·s
约化普朗克常数	$\hbar=h/(2\pi)$	1.0546×10^{-34}	J·s
玻尔半径	a_0	5.2918×10^{-11}	m
李德伯格常数	R_∞	1.0974×10^{7}	m^{-1}
玻尔磁子	μ_B	9.2741×10^{-24}	$J\cdot T^{-1}$
玻尔兹曼常数	k	1.3806×10^{-23}	$J\cdot K^{-1}$
阿伏伽德罗常数	N_A	6.0221×10^{23}	mol^{-1}
摩尔气体常数	R	8.3145	$J\cdot mol^{-1}\cdot K^{-1}$
法拉第常数	F	9.6485×10^{4}	$C\cdot mol^{-1}$

附表 6　不同温度下水的表面张力 σ

T/℃	$\sigma/10^{-3}N\cdot m^{-1}$	T/℃	$\sigma/10^{-3}N\cdot m^{-1}$	T/℃	$\sigma/10^{-3}N\cdot m^{-1}$	T/℃	$\sigma/10^{-3}N\cdot m^{-1}$
0	75.64	15	73.49	22	72.44	29	71.35
5	74.92	16	73.34	23	72.28	30	71.18
10	74.22	17	73.19	24	72.13	35	70.38
11	74.07	18	73.05	25	71.97	40	69.56
12	73.93	19	72.90	26	71.82	45	68.74
13	73.78	20	72.75	27	71.66		
14	73.64	21	72.59	28	71.50		

附表 7　元素名称及原子量表

（按照原子序数排列，以 $^{12}C=12$ 为基准）

元素			原子序数	原子量	元素			原子序数	原子量
符号	名称	英文名			符号	名称	英文名		
H	氢	Hydrogen	1	1.008	Cl	氯	Chlorine	17	35.45
He	氦	Helium	2	4.002602(2)	Ar	氩	Argon	18	39.948(1)
Li	锂	Lithium	3	6.94	K	钾	Potassium	19	39.0983(1)
Be	铍	Beryllium	4	9.0121831(5)	Ca	钙	Calcium	20	40.078(4)
B	硼	Boron	5	10.81	Sc	钪	Scandium	21	44.955908(5)
C	碳	Carbon	6	12.011	Ti	钛	Titanium	22	47.867(1)
N	氮	Nitrogen	7	14.007	V	钒	Vanadium	23	50.9415(1)
O	氧	Oxygen	8	15.999	Cr	铬	Chromium	24	51.9961(6)
F	氟	Fluorine	9	18.998403163(6)	Mn	锰	Manganese	25	54.938044(3)
Ne	氖	Neon	10	20.1797(6)	Fe	铁	Iron	26	55.845(2)
Na	钠	Sodium	11	22.98976928(2)	Co	钴	Cobalt	27	58.933194(4)
Mg	镁	Magnesium	12	24.305	Ni	镍	Nickel	28	58.6934(4)
Al	铝	Aluminum	13	26.9815385(7)	Cu	铜	Copper	29	63.546(3)
Si	硅	Silicon	14	28.085	Zn	锌	Zinc	30	65.38(2)
P	磷	Phosphorus	15	30.973761998(5)	Ga	镓	Gallium	31	69.723(1)
S	硫	Sulphur	16	32.06	Ge	锗	Germanium	32	72.630(8)

续表

元素			原子序数	原子量	元素			原子序数	原子量
符号	名称	英文名			符号	名称	英文名		
As	砷	Arsenic	33	74.921595(6)	Os	锇	Osmium	76	190.23(3)
Se	硒	Selenium	34	78.971(8)	Ir	铱	Iridium	77	192.217(3)
Br	溴	Bromine	35	79.904	Pt	铂	Platinum	78	195.084(9)
Kr	氪	Krypton	36	83.798(2)	Au	金	Gold	79	196.966569(5)
Rb	铷	Rubidium	37	85.4678(3)	Hg	汞	Mercury	80	200.592(3)
Sr	锶	Strontium	38	87.62(1)	Tl	铊	Thallium	81	204.38
Y	钇	Yttrium	39	88.90584(2)	Pb	铅	Lead	82	207.2(1)
Zr	锆	Zirconium	40	91.224(2)	Bi	铋	Bismuth	83	208.98040(1)
Nb	铌	Niobium	41	92.90637(2)	Po	钋	Polonium	84	208.98243(2)*
Mo	钼	Molybdenum	42	95.95(1)	At	砹	Astatine	85	209.98715(5)*
Tc	锝	Technetium	43	97.90721(3)*	Rn	氡	Radon	86	222.01758(2)*
Ru	钌	Ruthenium	44	101.07(2)	Fr	钫	Francium	87	223.01974(2)*
Rh	铑	Rhodium	45	102.90550(2)	Ra	镭	Radium	88	226.02541(2)*
Pd	钯	Palladium	46	106.42(1)	Ac	锕	Actinium	89	227.02775(2)*
Ag	银	Silver	47	107.8682(2)	Th	钍	Thorium	90	232.0377(4)*
Cd	镉	Cadmium	48	112.414(4)	Pa	镤	Protactinium	91	231.03588(2)*
In	铟	Indium	49	114.818(1)	U	铀	Uranium	92	238.02891(3)*
Sn	锡	Tin	50	118.710(7)	Np	镎	Neptunium	93	237.04817(2)*
Sb	锑	Antimony	51	121.760(1)	Pu	钚	Plutonium	94	244.06421(4)*
Te	碲	Tellurium	52	127.60(3)	Am	镅	Americium	95	243.06138(2)*
I	碘	Iodine	53	126.90447(3)	Cm	锔	Curium	96	247.07035(3)*
Xe	氙	Xenon	54	131.293(6)	Bk	锫	Berkelium	97	247.07031(4)*
Cs	铯	Cesium	55	132.90545196(6)	Cf	锎	Californium	98	251.07959(3)*
Ba	钡	Barium	56	137.327(7)	Es	锿	Einsteinium	99	252.0830(3)*
La	镧	Lanthanum	57	138.90547(7)	Fm	镄	Fermium	100	257.09811(5)*
Ce	铈	Cerium	58	140.116(1)	Md	钔	Mendelevium	101	259.09843(3)*
Pr	镨	Praseodymium	59	140.90766(2)	No	锘	Nobelium	102	259.1010(7)*
Nd	钕	Neodymium	60	144.242(3)	Lr	铹	Lawrencium	103	262.110(2)*
Pm	钷	Promethium	61	144.91276(2)	Rf	𬬻	Rutherfordium	104	267.122(4)*
Sm	钐	Samarium	62	150.36(2)	Db	𬭊	Dubnium	105	270.131(4)*
Eu	铕	Europium	63	151.964(1)	Sg	𬭳	Seaborgium	106	269.129(3)*
Gd	钆	Gadolinium	64	157.25(3)	Bh	𬭛	Bohrium	107	270.133(2)*
Tb	铽	Terbium	65	158.92535(2)	Hs	𬭶	Hassium	108	270.134(2)*
Dy	镝	Dysprosium	66	162.500(1)	Mt	鿏	Meitnerium	109	278.156(5)*
Ho	钬	Holmium	67	164.93033(2)	Ds	𫟼	Darmstadtium	110	281.165(4)*
Er	铒	Erbium	68	167.259(3)	Rg	𬬭	Roentgenium	111	281.166(6)*
Tm	铥	Thulium	69	168.93422(2)	Cn	鿔	Copernicium	112	285.177(4)*
Yb	镱	Ytterbium	70	173.045(10)	Nh	鿭	Nihonium	113	286.182(5)*
Lu	镥	Lutetium	71	174.9668(1)	Fl	𫓧	Flerovium	114	289.190(4)*
Hf	铪	Hafnium	72	178.49(2)	Mc	镆	Moscovium	115	289.194(6)*
Ta	钽	Tantalum	73	180.94788(2)	Lv	𫟷	Livermorium	116	293.204(4)*
W	钨	Tungsten	74	183.84(1)	Ts	鿬	Tennessine	117	293.208(6)*
Re	铼	Rhenium	75	186.207(1)	Og	鿫	Oganesson	118	294.214(5)*

⊡ 附表 8 常用参比电极电势及温度系数

电极	体系	φ/V	$(\partial\varphi/\partial T)/mV \cdot K^{-1}$
氢电极	$Pt,H_2 \mid H^+(a_{H^+}=1)$	0.0000	
银-氯化银电极	$Ag,AgCl \mid 0.1\ mol \cdot L^{-1} KCl$	0.2900	−0.300
标准甘汞电极	$Hg,Hg_2Cl_2 \mid 1\ mol \cdot L^{-1} KCl$	0.2800	−0.275
饱和甘汞电极	$Hg,Hg_2Cl_2 \mid$ 饱和 KCl	0.2415	−0.761
甘汞电极	$Hg,Hg_2Cl_2 \mid 0.1\ mol \cdot L^{-1} KCl$	0.3337	−0.875
氧化汞电极	$Hg,HgO \mid 0.1\ mol \cdot L^{-1} KOH$	0.1650	
硫酸亚汞电极	$Hg,Hg_2SO_4 \mid 1\ mol \cdot L^{-1} H_2SO_4$	0.6758	
硫酸铜电极	$Cu \mid$ 饱和 $CuSO_4$	0.3160	−0.7

注：电极电势为相对于标准氢电极的电极电势。

⊡ 附表 9 常见液体的蒸气压

化合物	25℃时的蒸气压/mmHg	温度范围/℃	A	B	C
丙酮(CH_3COCH_3)	230.05	−20～140	7.02447	1161.0	224
苯(C_6H_6)	95.18	−20～140	6.90565	1211.033	220.790
溴(Br_2)	226.32	−20～140	6.83298	1133.0	228.0
甲醇(CH_3OH)	126.40	−20～140	7.87863	1473.11	230.0
甲苯($C_6H_5CH_3$)	28.45	−20～140	6.95464	1344.80	219.482
乙酸(CH_3COOH)	15.59	0～36	7.80307	1651.2	225
乙酸(CH_3COOH)	15.59	36～170	7.18807	1416.7	211
氯仿($CHCl_3$)	227.72	−30～150	6.90328	1163.03	227.4
四氯化碳(CCl_4)	115.25	−20～150	6.93390	1242.43	230.0
乙酸乙酯($CH_3COOC_2H_5$)	94.29	−20～150	7.09808	1238.71	217.0
乙醇(C_2H_5OH)	56.31	−20～150	8.04494	1554.3	222.65
乙醚(CH_3OCH_3)	534.31	−20～150	6.78574	994.195	220.0
乙酸甲酯($HCOOC_2H_5$)	213.43	−20～150	7.20211	1232.83	228.0
环己烷(C_6H_{12})	—	−20～142	6.84498	1203.526	222.86

注：表中所列化合物蒸气压的计算公式为：$\lg p = A - B/(C+T)$。其中，p 为化合物的蒸气压（mmHg），A、B、C 为常数，T 为摄氏温度。

⊡ 附表 10　不同温度下水的饱和蒸气压和密度

温度/K	饱和蒸气压		密度/g·cm^{-3}	温度/K	饱和蒸气压		密度/g·cm^{-3}
	10^2Pa	mmHg			10^2Pa	mmHg	
273	6.105	4.579	0.9998395	299	33.609	25.209	0.9967837
274	6.567	4.926	0.9998985	300	35.649	26.739	0.9965132
275	7.058	5.294	0.9999399	301	37.796	28.349	0.9962335
276	7.579	5.685	0.9999642	302	40.054	30.043	0.9959448
277	8.134	6.101	0.9999720	303	42.429	31.824	0.9956473
278	8.723	6.543	0.9999638	304	44.923	33.695	0.9953410
279	9.350	7.013	0.9999402	305	47.547	35.663	0.9950262
280	10.017	7.513	0.9999015	306	50.301	37.729	0.9947030
281	10.726	8.045	0.9998482	307	53.193	39.898	0.9943715
282	11.478	8.609	0.9997808	308	56.229	41.175	0.9940319
283	12.278	9.209	0.9996996	309	59.412	44.563	0.9936842
284	13.124	9.844	0.9996051	310	62.751	47.067	0.9933287
285	14.023	10.518	0.9994947	311	66.251	49.692	0.9929653
286	14.973	11.231	0.9993771	312	69.917	52.442	0.9925943
287	15.981	11.987	0.9992444	313	73.759	55.324	0.9922158
288	17.049	12.788	0.9990996	314	77.780	58.34	0.9918298
289	18.177	13.634	0.9989430	315	81.990	61.50	0.9914364
290	19.372	14.530	0.9987749	316	86.390	64.80	0.9910358
291	20.634	15.477	0.9985956	317	91.000	68.26	0.9906280
292	21.968	16.477	0.9984052	318	95.830	71.88	0.9902132
293	23.378	17.535	0.9982041	319	100.86	75.65	0.9897814
294	24.865	18.650	0.9979925	320	106.12	79.60	0.9893628
295	26.434	19.827	0.9977705	321	111.6	93.71	0.9889273
296	28.088	21.068	0.9975385	322	117.35	88.02	0.9884851
297	29.834	22.377	0.9972965	323	123.34	92.51	0.9880363
298	31.672	23.756	0.9970449	373	1013.25	760.00	0.9583637

注：数据在 1 atm（101.325 kPa）下测定。

⊡ 附表 11 在 298K 和标准压力下常见电极的标准电极电势

电极反应	$\varphi^{\ominus}$/V	电极反应	$\varphi^{\ominus}$/V
$Ag^{+}+e^{-}\longrightarrow Ag$	0.80	$Br_2(aq)+2e^{-}\longrightarrow 2Br^{-}$	1.09
$Ag^{2+}+e^{-}\longrightarrow Ag^{+}$	1.98	$Br_2(l)+2e^{-}\longrightarrow 2Br^{-}$	1.07
$AgBr+e^{-}\longrightarrow Ag+Br^{-}$	0.07	$BrO^{-}+H_2O+2e^{-}\longrightarrow Br^{-}+2OH^{-}$	0.76
$AgCl+e^{-}\longrightarrow Ag+Cl^{-}$	0.22	$BrO_3^{-}+6H^{+}+6e^{-}\longrightarrow Br^{-}+3H_2O$	1.42
$AgCN+e^{-}\longrightarrow Ag+CN^{-}$	−0.02	$BrO_3^{-}+3H_2O+6e^{-}\longrightarrow Br^{-}+6OH^{-}$	0.61
$AgF+e^{-}\longrightarrow Ag+F^{-}$	0.78	$2BrO_3^{-}+12H^{+}+10e^{-}\longrightarrow Br_2+6H_2O$	1.48
$AgI+e^{-}\longrightarrow Ag+I^{-}$	−0.15	$HBrO+H^{+}+2e^{-}\longrightarrow Br^{-}+H_2O$	1.33
$Ag_2O+H_2O+2e^{-}\longrightarrow 2Ag+2OH^{-}$	0.34	$2HBrO+2H^{+}+2e^{-}\longrightarrow Br_2(aq)+2H_2O$	1.57
$2AgO+H_2O+2e^{-}\longrightarrow Ag_2O+2OH^{-}$	0.61	$CH_3OH+2H^{+}+2e^{-}\longrightarrow CH_4+H_2O$	0.59
$Ag_2S+2e^{-}\longrightarrow 2Ag+S^{2-}$	−0.69	$HCHO+2H^{+}+2e^{-}\longrightarrow CH_3OH$	0.19
$Ag_2S+2H^{+}+2e^{-}\longrightarrow 2Ag+H_2S$	−0.04	$CH_3COOH+2H^{+}+2e^{-}\longrightarrow CH_3CHO+H_2O$	−0.12
$Al^{3+}+3e^{-}\longrightarrow Al$	−1.66	$(CN)_2+2H^{+}+2e^{-}\longrightarrow 2HCN$	0.37
$AlF_6^{3-}+3e^{-}\longrightarrow Al+6F^{-}$	−2.07	$(CNS)_2+2e^{-}\longrightarrow 2CNS^{-}$	0.77
$Al(OH)_3+3e^{-}\longrightarrow Al+3OH^{-}$	−2.31	$CO_2+2H^{+}+2e^{-}\longrightarrow CO+H_2O$	−0.12
$AlO_2^{-}+2H_2O+3e^{-}\longrightarrow Al+4OH^{-}$	−2.35	$CO_2+2H^{+}+2e^{-}\longrightarrow HCOOH$	−0.20
$As+3H^{+}+3e^{-}\longrightarrow AsH_3$	−0.61	$Ca^{2+}+2e^{-}\longrightarrow Ca$	−2.87
$As+3H_2O+3e^{-}\longrightarrow AsH_3+3OH^{-}$	−1.37	$Ca(OH)_2+2e^{-}\longrightarrow Ca+2OH^{-}$	−3.02
$As_2O_3+6H^{+}+6e^{-}\longrightarrow 2As+3H_2O$	0.23	$Cd^{2+}+2e^{-}\longrightarrow Cd$	−0.40
$HAsO_2+3H^{+}+3e^{-}\longrightarrow As+2H_2O$	0.25	$Cd^{2+}+2e^{-}\longrightarrow Cd(Hg)$	−0.35
$AsO_2^{-}+2H_2O+3e^{-}\longrightarrow As+4OH^{-}$	−0.68	$Cd(CN)_4^{2-}+2e^{-}\longrightarrow Cd+4CN^{-}$	−1.09
$H_3AsO_4+2H^{+}+2e^{-}\longrightarrow HAsO_2+2H_2O$	0.56	$CdO+H_2O+2e^{-}\longrightarrow Cd+2OH^{-}$	−0.78
$AsO_4^{3-}+2H_2O+2e^{-}\longrightarrow AsO_2^{-}+4OH^{-}$	−0.71	$CdS+2e^{-}\longrightarrow Cd+S^{2-}$	−1.17
$Au^{+}+e^{-}\longrightarrow Au$	1.96	$CdSO_4+2e^{-}\longrightarrow Cd+SO_4^{2-}$	−0.25
$Au^{3+}+3e^{-}\longrightarrow Au$	1.50	$Ce^{3+}+3e^{-}\longrightarrow Ce$	−2.34
$Au^{3+}+2e^{-}\longrightarrow Au^{+}$	1.40	$Ce^{3+}+3e^{-}\longrightarrow Ce(Hg)$	−1.44
$AuBr_2^{-}+e^{-}\longrightarrow Au+2Br^{-}$	0.96	$CeO_2+4H^{+}+e^{-}\longrightarrow Ce^{3+}+2H_2O$	1.40
$AuBr_4^{-}+3e^{-}\longrightarrow Au+4Br^{-}$	0.85	$Cl_2(g)+2e^{-}\longrightarrow 2Cl^{-}$	1.358
$AuCl_2^{-}+e^{-}\longrightarrow Au+2Cl^{-}$	1.15	$ClO^{-}+H_2O+2e^{-}\longrightarrow Cl^{-}+2OH^{-}$	0.89
$AuCl_4^{-}+3e^{-}\longrightarrow Au+4Cl^{-}$	1.00	$HClO+H^{+}+2e^{-}\longrightarrow Cl^{-}+H_2O$	1.48
$AuI+e^{-}\longrightarrow Au+I^{-}$	0.50	$2HClO+2H^{+}+2e^{-}\longrightarrow Cl_2+2H_2O$	1.61
$Au(SCN)_4^{-}+3e^{-}\longrightarrow Au+4SCN^{-}$	0.66	$ClO_2^{-}+2H_2O+4e^{-}\longrightarrow Cl^{-}+4OH^{-}$	0.76
$Au(OH)_3+3H^{+}+3e^{-}\longrightarrow Au+3H_2O$	1.45	$2ClO_3^{-}+12H^{+}+10e^{-}\longrightarrow Cl^{-}+6H_2O$	1.47
$BF_4^{-}+3e^{-}\longrightarrow B+4F^{-}$	−1.04	$ClO_3^{-}+6H^{+}+6e^{-}\longrightarrow Cl^{-}+3H_2O$	1.45
$H_2BO_3^{-}+H_2O+3e^{-}\longrightarrow B+4OH^{-}$	−1.79	$ClO_3+3H_2O+6e^{-}\longrightarrow Cl^{-}+6OH^{-}$	0.62
$B(OH)_3+7H^{+}+8e^{-}\longrightarrow BH_4^{-}+3H_2O$	−0.48	$ClO_4^{-}+8H^{+}+8e^{-}\longrightarrow Cl^{-}+4H_2O$	1.38
$Ba^{2+}+2e^{-}\longrightarrow Ba$	−2.91	$2ClO_4^{-}+16H^{+}+14e^{-}\longrightarrow Cl_2+8H_2O$	1.39
$Ba(OH)_2+2e^{-}\longrightarrow Ba+2OH^{-}$	−2.99	$Cm^{3+}+3e^{-}\longrightarrow Cm$	−2.04
$Be^{2+}+2e^{-}\longrightarrow Be$	−1.85	$Co^{2+}+2e^{-}\longrightarrow Co$	−0.28
$Be_2O_3^{2-}+3H_2O+4e^{-}\longrightarrow 2Be+6OH^{-}$	−2.63	$[Co(NH_3)_6]^{3+}+e^{-}\longrightarrow [Co(NH_3)_6]^{2+}$	0.11
$Bi^{+}+e^{-}\longrightarrow Bi$	0.50	$[Co(NH_3)_6]^{2+}+2e^{-}\longrightarrow Co+6NH_3$	−0.43
$Bi^{3+}+3e^{-}\longrightarrow Bi$	0.31	$Co(OH)_2+2e^{-}\longrightarrow Co+2OH^{-}$	−0.73
$BiCl_4^{-}+3e^{-}\longrightarrow Bi+4Cl^{-}$	0.16	$Co(OH)_3+e^{-}\longrightarrow Co(OH)_2+OH^{-}$	0.17
$BiOCl+2H^{+}+3e^{-}\longrightarrow Bi+Cl^{-}+H_2O$	0.16	$Cr^{2+}+2e^{-}\longrightarrow Cr$	−0.91
$Bi_2O_3+3H_2O+6e^{-}\longrightarrow 2Bi+6OH^{-}$	−0.46	$Cr^{3+}+e^{-}\longrightarrow Cr^{2+}$	−0.41
$Bi_2O_4+4H^{+}+2e^{-}\longrightarrow 2BiO^{+}+2H_2O$	1.59	$Cr^{3+}+3e^{-}\longrightarrow Cr$	−0.74
$Bi_2O_4+H_2O+2e^{-}\longrightarrow Bi_2O_3+2OH^{-}$	0.56	$[Cr(CN)_6]^{3-}+e^{-}\longrightarrow [Cr(CN)_6]^{4-}$	−1.28

续表

电极反应	$\varphi^{\ominus}/V$	电极反应	$\varphi^{\ominus}/V$
$Cr_2O_7^{2-}+14H^++6e^-\longrightarrow 2Cr^{3+}+7H_2O$	1.23	$Ge^{2+}+2e^-\longrightarrow Ge$	0.02
$CrO_2^-+2H_2O+3e^-\longrightarrow Cr+4OH^-$	−1.20	$Ge^{4+}+2e^-\longrightarrow Ge^{2+}$	0.00
$CrO_4^{2-}+4H_2O+3e^-\longrightarrow Cr(OH)_3+5OH^-$	−0.13	$GeO_2+2H^++2e^-\longrightarrow$ GeO(棕色)$+H_2O$	−0.12
$Cr(OH)_3+3e^-\longrightarrow Cr+3OH^-$	−1.48	$GeO_2+2H^++2e^-\longrightarrow$ GeO(黄色)$+H_2O$	−0.27
$HCrO_4^-+7H^++3e^-\longrightarrow Cr^{3+}+4H_2O$	1.35	$2H^++2e^-\longrightarrow H_2$	0.00
$Cs^++e^-\longrightarrow Cs$	−2.92	$H_2+2e^-\longrightarrow 2H^-$	−2.25
$Cu^++e^-\longrightarrow Cu$	0.52	$2H_2O+2e^-\longrightarrow H_2+2OH^-$	−0.83
$Cu^{2+}+2e^-\longrightarrow Cu$	0.34	$Hg^{2+}+2e^-\longrightarrow Hg$	0.85
$Cu^{2+}+2e^-\longrightarrow Cu(Hg)$	0.35	$Hg_2^{2+}+2e^-\longrightarrow 2Hg$	0.80
$Cu^{2+}+Br^-+e^-\longrightarrow CuBr$	0.66	$2Hg^{2+}+2e^-\longrightarrow Hg_2^{2+}$	0.92
$Cu^{2+}+Cl^-+e^-\longrightarrow CuCl$	0.57	$Hg_2Br_2+2e^-\longrightarrow 2Hg+2Br^-$	0.14
$Cu^{2+}+I^-+e^-\longrightarrow CuI$	0.86	$[HgBr_4]^{2-}+2e^-\longrightarrow Hg+4Br^-$	0.21
$Cu^{2+}+2CN^-+e^-\longrightarrow [Cu(CN)_2]^-$	1.10	$Hg_2Cl_2+2e^-\longrightarrow 2Hg+2Cl^-$	0.27
$CuBr_2^-+e^-\longrightarrow Cu+2Br^-$	0.05	$2HgCl_2+2e^-\longrightarrow Hg_2Cl_2+2Cl^-$	0.63
$CuCl_2^-+e^-\longrightarrow Cu+2Cl^-$	0.19	$Hg_2CrO_4+2e^-\longrightarrow 2Hg+CrO_4^{2-}$	0.54
$CuI_2^-+e^-\longrightarrow Cu+2I^-$	0.00	$Hg_2I_2+2e^-\longrightarrow 2Hg+2I^-$	−0.04
$Cu_2O+H_2O+2e^-\longrightarrow 2Cu+2OH^-$	−0.36	$Hg_2O+H_2O+2e^-\longrightarrow 2Hg+2OH^-$	0.12
$Cu(OH)_2+2e^-\longrightarrow Cu+2OH^-$	−0.22	$HgO+H_2O+2e^-\longrightarrow Hg+2OH^-$	0.10
$2Cu(OH)_2+2e^-\longrightarrow Cu_2O+2OH^-+H_2O$	−0.08	HgS(红色)$+2e^-\longrightarrow Hg+S^{2-}$	−0.70
$CuS+2e^-\longrightarrow Cu+S^{2-}$	−0.70	$Hf^{4+}+4e^-\longrightarrow Hf$	−1.55
$CuSCN+e^-\longrightarrow Cu+SCN^-$	−0.27	$Ho^{2+}+2e^-\longrightarrow Ho$	−2.10
$Dy^{2+}+2e^-\longrightarrow Dy$	−2.2	$Ho^{3+}+3e^-\longrightarrow Ho$	−2.33
$Dy^{3+}+3e^-\longrightarrow Dy$	−2.295	$I_2+2e^-\longrightarrow 2I^-$	0.54
$Er^{2+}+2e^-\longrightarrow Er$	−2.00	$I_3^-+2e^-\longrightarrow 3I^-$	0.54
$Er^{3+}+3e^-\longrightarrow Er$	−2.33	$2IBr+2e^-\longrightarrow I_2+2Br^-$	1.02
$Es^{2+}+2e^-\longrightarrow Es$	−2.23	$ICN+2e^-\longrightarrow I^-+CN^-$	0.30
$Es^{3+}+3e^-\longrightarrow Es$	−1.91	$IO^-+H_2O+2e^-\longrightarrow I^-+2OH^-$	0.49
$Eu^{2+}+2e^-\longrightarrow Eu$	−2.81	$2IO_3^-+12H^++10e^-\longrightarrow I_2+6H_2O$	1.20
$Eu^{3+}+3e^-\longrightarrow Eu$	−1.99	$IO_3^-+6H^++6e^-\longrightarrow I^-+3H_2O$	1.09
$F_2+2H^++2e^-\longrightarrow 2HF$	3.05	$IO_3^-+2H_2O+4e^-\longrightarrow IO^-+4OH^-$	0.15
$F_2O+2H^++4e^-\longrightarrow H_2O+2F^-$	2.15	$IO_3^-+3H_2O+6e^-\longrightarrow I^-+6OH^-$	0.26
$Fe^{2+}+2e^-\longrightarrow Fe$	−0.45	$2IO_3^-+6H_2O+10e^-\longrightarrow I_2+12OH^-$	0.21
$Fe^{3+}+3e^-\longrightarrow Fe$	−0.04	$HIO+H^++2e^-\longrightarrow I^-+H_2O$	0.99
$[Fe(CN)_6]^{3-}+e^-\longrightarrow [Fe(CN)_6]^{4-}$	0.36	$2HIO+2H^++2e^-\longrightarrow I_2+2H_2O$	1.44
$[Fe(CN)_6]^{4-}+2e^-\longrightarrow Fe+6CN^-$	−1.59	$H_5IO_6+H^++2e^-\longrightarrow IO_3^-+3H_2O$	1.60
$[FeF_6]^{3-}+e^-\longrightarrow Fe^{2+}+6F^-$	0.49	$In^++e^-\longrightarrow In$	−0.14
$Fe(OH)_2+2e^-\longrightarrow Fe+2OH^-$	−0.88	$In^{3+}+3e^-\longrightarrow In$	−0.34
$Fe(OH)_3+e^-\longrightarrow Fe(OH)_2+OH^-$	−0.56	$In(OH)_3+3e^-\longrightarrow In+3OH^-$	−0.99
$Fe_3O_4+8H^++2e^-\longrightarrow 3Fe^{2+}+4H_2O$	1.23	$Ir^{3+}+3e^-\longrightarrow Ir$	1.16
$Fm^{3+}+3e^-\longrightarrow Fm$	−1.89	$[IrBr_6]^{2-}+e^-\longrightarrow [IrBr_6]^{3-}$	0.99
$Fr^++e^-\longrightarrow Fr$	−2.90	$[IrCl_6]^{2-}+e^-\longrightarrow [IrCl_6]^{3-}$	0.87
$Ga^{3+}+3e^-\longrightarrow Ga$	−0.549	$K^++e^-\longrightarrow K$	−2.93
$H_2GaO_3^-+H_2O+3e^-\longrightarrow Ga+4OH^-$	−1.29	$La^{3+}+3e^-\longrightarrow La$	−2.38
$Gd^{3+}+3e^-\longrightarrow Gd$	−2.28	$La(OH)_3+3e^-\longrightarrow La+3OH^-$	−2.90

续表

电极反应	$\varphi^{\ominus}$/V	电极反应	$\varphi^{\ominus}$/V
$Li^{+}+e^{-} \longrightarrow Li$	−3.04	$H_2PO_2^{-}+e^{-} \longrightarrow P+2OH^{-}$	−1.82
$Lr^{3+}+3e^{-} \longrightarrow Lr$	−1.96	$H_3PO_3+2H^{+}+2e^{-} \longrightarrow H_3PO_2+H_2O$	−0.50
$Lu^{3+}+3e^{-} \longrightarrow Lu$	−2.28	$H_3PO_3+3H^{+}+3e^{-} \longrightarrow P+3H_2O$	−0.45
$Md^{2+}+2e^{-} \longrightarrow Md$	−2.40	$H_3PO_4+2H^{+}+2e^{-} \longrightarrow H_3PO_3+H_2O$	−0.28
$Md^{3+}+3e^{-} \longrightarrow Md$	−1.65	$PO_4^{3-}+2H_2O+2e^{-} \longrightarrow HPO_3^{2-}+3OH^{-}$	−1.05
$Mg^{2+}+2e^{-} \longrightarrow Mg$	−2.37	$Pa^{3+}+3e^{-} \longrightarrow Pa$	−1.34
$Mg(OH)_2+2e^{-} \longrightarrow Mg+2OH^{-}$	−2.69	$Pa^{4+}+4e^{-} \longrightarrow Pa$	−1.49
$Mn^{2+}+2e^{-} \longrightarrow Mn$	−1.19	$Pb^{2+}+2e^{-} \longrightarrow Pb$	−0.13
$Mn^{3+}+3e^{-} \longrightarrow Mn$	1.54	$Pb^{2+}+2e^{-} \longrightarrow Pb(Hg)$	−0.12
$MnO_2+4H^{+}+2e^{-} \longrightarrow Mn^{2+}+2H_2O$	1.22	$Pb(OH)_2+2e^{-} \longrightarrow Pd+2OH^{-}$	0.92
$MnO_4^{-}+4H^{+}+3e^{-} \longrightarrow MnO_2+2H_2O$	1.68	$PbBr_2+2e^{-} \longrightarrow Pb+2Br^{-}$	−0.28
$MnO_4^{-}+8H^{+}+5e^{-} \longrightarrow Mn^{2+}+4H_2O$	1.51	$[PdBr_4]^{2-}+2e^{-} \longrightarrow Pd+4Br^{-}$	0.60
$MnO_4^{-}+2H_2O+3e^{-} \longrightarrow MnO_2+4OH^{-}$	0.60	$PbCl_2+2e^{-} \longrightarrow Pb+2Cl^{-}$	−0.27
$Mn(OH)_2+2e^{-} \longrightarrow Mn+2OH^{-}$	−1.56	$PbCO_3+2e^{-} \longrightarrow Pb+CO_3^{2-}$	−0.51
$Mo^{3+}+3e^{-} \longrightarrow Mo$	−0.20	$PbF_2+2e^{-} \longrightarrow Pb+2F^{-}$	−0.34
$MoO_4^{2-}+4H_2O+6e^{-} \longrightarrow Mo+8OH^{-}$	−1.05	$PbI_2+2e^{-} \longrightarrow Pb+2I^{-}$	−0.37
$N_2+2H_2O+6H^{+}+6e^{-} \longrightarrow 2NH_4OH$	0.09	$PbO+H_2O+2e^{-} \longrightarrow Pb+2OH^{-}$	−0.88
$2NH_3OH^{+}+H^{+}+2e^{-} \longrightarrow N_2H_5^{+}+2H_2O$	1.42	$PbO+2H^{+}+2e^{-} \longrightarrow Pb+H_2O$	0.25
$2NO+H_2O+2e^{-} \longrightarrow N_2O+2OH^{-}$	0.76	$PbO_2+4H^{+}+4e^{-} \longrightarrow Pb+2H_2O$	1.46
$2HNO_2+4H^{+}+4e^{-} \longrightarrow N_2O+3H_2O$	1.30	$[HPbO_2]^{-}+H_2O+2e^{-} \longrightarrow Pb+3OH^{-}$	−0.54
$NO_3^{-}+3H^{+}+2e^{-} \longrightarrow HNO_2+H_2O$	0.93	$PbO_2+SO_4^{2-}+4H^{+}+2e^{-} \longrightarrow PbSO_4+2H_2O$	1.69
$NO_3^{-}+H_2O+2e^{-} \longrightarrow NO_2^{-}+2OH^{-}$	0.01	$PbSO_4+2e^{-} \longrightarrow Pb+SO_4^{2-}$	−0.36
$2NO_3^{-}+2H_2O+2e^{-} \longrightarrow N_2O_4+4OH^{-}$	−0.85	$PdO_2+H_2O+2e^{-} \longrightarrow PdO+2OH^{-}$	0.73
$Na^{+}+e^{-} \longrightarrow Na$	−2.71	$Pd(OH)_2+2e^{-} \longrightarrow Pd+2OH^{-}$	0.07
$Nb^{3+}+3e^{-} \longrightarrow Nb$	−1.10	$Pm^{2+}+2e^{-} \longrightarrow Pm$	−2.20
$NbO_2+4H^{+}+4e^{-} \longrightarrow Nb+2H_2O$	−0.69	$Pm^{3+}+3e^{-} \longrightarrow Pm$	−2.30
$Nb_2O_5+10H^{+}+10e^{-} \longrightarrow 2Nb+5H_2O$	−0.64	$Po^{4}+4e^{-} \longrightarrow Po$	0.76
$Nd^{2+}+2e^{-} \longrightarrow Nd$	−2.10	$Pr^{2+}+2e^{-} \longrightarrow Pr$	−2.00
$Nd^{3+}+3e^{-} \longrightarrow Nd$	−2.32	$Pr^{3+}+3e^{-} \longrightarrow Pr$	−2.35
$Ni^{2+}+2e^{-} \longrightarrow Ni$	−0.26	$Pt^{2+}+2e^{-} \longrightarrow Pt$	1.18
$NiCO_3+2e^{-} \longrightarrow Ni+CO_3^{2-}$	−0.45	$[PtCl_6]^{2-}+2e^{-} \longrightarrow [PiCl_4]^{2-}+2Cl^{-}$	0.68
$Ni(OH)_2+2e^{-} \longrightarrow Ni+2OH^{-}$	−0.72	$Pt(OH)_2+2e^{-} \longrightarrow Pt+2OH^{-}$	0.14
$NiO_2+4H^{+}+2e^{-} \longrightarrow Ni^{2+}+2H_2O$	1.68	$PtO_2+4H^{+}+4e^{-} \longrightarrow Pt+2H_2O$	1.00
$No^{2+}+2e^{-} \longrightarrow No$	−2.50	$PtS+2e^{-} \longrightarrow Pt+S^{2-}$	−0.83
$No^{3+}+3e^{-} \longrightarrow No$	−1.20	$Pu^{3+}+3e^{-} \longrightarrow Pu$	−2.03
$Np^{3+}+3e^{-} \longrightarrow Np$	−1.86	$Pu^{5+}+e^{-} \longrightarrow Pu^{4+}$	1.10
$NpO_2+H_2O+H^{+}+e^{-} \longrightarrow Np(OH)_3$	−0.96	$Ra^{2+}+2e^{-} \longrightarrow Ra$	−2.80
$O_2+4H^{+}+4e^{-} \longrightarrow 2H_2O$	1.23	$Rb^{+}+e^{-} \longrightarrow Rb$	−2.98
$O_2+2H_2O+4e^{-} \longrightarrow 4OH^{-}$	0.40	$Re^{3+}+3e^{-} \longrightarrow Re$	0.30
$O_3+H_2O+2e^{-} \longrightarrow O_2+2OH^{-}$	1.24	$ReO_2+4H^{+}+4e^{-} \longrightarrow Re+2H_2O$	0.25
$Os^{2+}+2e^{-} \longrightarrow Os$	0.85	$ReO_4^{-}+4H^{+}+3e^{-} \longrightarrow ReO_2+2H_2O$	0.51
$[OsCl_6]^{3-}+e^{-} \longrightarrow Os^{2+}+6Cl^{-}$	0.40	$ReO_4^{-}+4H_2O+7e^{-} \longrightarrow Re+8OH^{-}$	−0.58
$OsO_2+2H_2O+4e^{-} \longrightarrow Os+4OH^{-}$	−0.15	$Rh^{2+}+2e^{-} \longrightarrow Rh$	0.60
$OsO_4+8H^{+}+8e^{-} \longrightarrow Os+4H_2O$	0.84	$Rh^{3+}+3e^{-} \longrightarrow Rh$	0.76
$OsO_4+4H^{+}+4e^{-} \longrightarrow OsO_2+2H_2O$	1.02	$Ru^{2+}+2e^{-} \longrightarrow Ru$	0.46
$P+3H_2O+3e^{-} \longrightarrow PH_3(g)+3OH^{-}$	−0.87	$RuO_2+4H^{+}+2e^{-} \longrightarrow Ru^{2+}+2H_2O$	1.12

续表

电极反应	$\varphi^{\ominus}$/V	电极反应	$\varphi^{\ominus}$/V
$RuO_4+6H^++4e^-\longrightarrow Ru(OH)_2^{2+}+2H_2O$	1.40	$TcO_4^-+2H_2O+3e^-\longrightarrow TcO_2+4OH^-$	0.57
$S+2e^-\longrightarrow S^{2-}$	−0.48	$Te+2e^-\longrightarrow Te^{2-}$	0.47
$S+2H^++2e^-\longrightarrow H_2S(aq)$	0.14	$Te^{4+}+4e^-\longrightarrow Te$	−0.31
$S_2O_6^{2-}+4H^++2e^-\longrightarrow 2H_2SO_3$	0.56	$Th^{4+}+4e^-\longrightarrow Th$	−1.90
$2SO_3^{2-}+3H_2O+4e^-\longrightarrow S_2O_3^{2-}+6OH^-$	−0.57	$Ti^{2+}+2e^-\longrightarrow Ti$	−1.63
$2SO_3^{2-}+2H_2O+2e^-\longrightarrow S_2O_4^{2-}+4OH^-$	−1.12	$Ti^{3+}+3e^-\longrightarrow Ti$	−1.37
$SO_4^{2-}+H_2O+2e^-\longrightarrow SO_3^{2-}+2OH^-$	−0.93	$TiO_2+4H^++2e^-\longrightarrow Ti^{2+}+2H_2O$	−0.50
$Sb+3H^++3e^-\longrightarrow SbH_3$	−0.51	$TiO^{2+}+2H^++e^-\longrightarrow Ti^{3+}+H_2O$	0.10
$Sb_2O_3+6H^++6e^-\longrightarrow 2Sb+3H_2O$	0.15	$Tl^++e^-\longrightarrow Tl$	−0.34
$Sb_2O_5+6H^++4e^-\longrightarrow 2SbO^++3H_2O$	0.58	$Tl^{3+}+3e^-\longrightarrow Tl$	0.74
$SbO_3^-+H_2O+2e^-\longrightarrow SbO_2^-+2OH^-$	−0.59	$Tl^{3+}+Cl^-+2e^-\longrightarrow TlCl$	1.36
$Sc^{3+}+3e^-\longrightarrow Sc$	−2.08	$TlBr+e^-\longrightarrow Tl+Br^-$	−0.66
$Sc(OH)_3+3e^-\longrightarrow Sc+3OH^-$	−2.60	$TlCl+e^-\longrightarrow Tl+Cl^-$	−0.56
$Se+2e^-\longrightarrow Se^{2-}$	−0.92	$TlI+e^-\longrightarrow Tl+I^-$	−0.75
$Se+2H^++2e^-\longrightarrow H_2Se(aq)$	−0.40	$Tl_2O_3+3H_2O+4e^-\longrightarrow 2Tl^++6OH^-$	0.02
$H_2SeO_3+4H^++4e^-\longrightarrow Se+3H_2O$	−0.74	$TlOH+e^-\longrightarrow Tl+OH^-$	−0.34
$SeO_3^{2-}+3H_2O+4e^-\longrightarrow Se+6OH^-$	−0.37	$Tl_2SO_4+2e^-\longrightarrow 2Tl+SO_4^{2-}$	−0.44
$SeO_4^{2-}+H_2O+2e^-\longrightarrow SeO_3^{2-}+2OH^-$	0.05	$Tm^{2+}+2e^-\longrightarrow Tm$	−2.40
$Si+4H^++4e^-\longrightarrow SiH_4(g)$	0.10	$Tm^{3+}+3e^-\longrightarrow Tm$	−2.32
$Si+4H_2O+4e^-\longrightarrow SiH_4+4OH^-$	−0.73	$U^{3+}+3e^-\longrightarrow U$	−1.80
$SiF_6^{2-}+4e^-\longrightarrow Si+6F^-$	−1.24	$UO_2+4H^++4e^-\longrightarrow U+2H_2O$	−1.40
$SiO_2+4H^++4e^-\longrightarrow Si+2H_2O$	−0.86	$UO_2^++4H^++e^-\longrightarrow U^{4+}+2H_2O$	0.61
$SiO_3^{2-}+3H_2O+4e^-\longrightarrow Si+6OH^-$	−170	$UO_2^{2+}+4H^++6e^-\longrightarrow U+2H_2O$	−1.44
$Sm^{2+}+2e^-\longrightarrow Sm$	−2.68	$V^{2+}+2e^-\longrightarrow V$	−1.18
$Sm^{3+}+3e^-\longrightarrow Sm$	−2.30	$VO^{2+}+2H^++e^-\longrightarrow V^{3+}+H_2O$	0.34
$Sn^{2+}+2e^-\longrightarrow Sn$	−0.14	$VO_2^++2H^++e^-\longrightarrow VO^{2+}+H_2O$	0.99
$Sn^{4+}+2e^-\longrightarrow Sn^{2+}$	0.15	$VO_2^++4H^++2e^-\longrightarrow V^{3+}+2H_2O$	0.67
$SnCl_4^{2-}+2e^-\longrightarrow Sn+4Cl^-(1\ mol\cdot L^{-1}HCl)$	−0.19	$V_2O_5+10H^++10e^-\longrightarrow 2V+5H_2O$	−0.24
$SnF_6^{2-}+4e^-\longrightarrow Sn+6F^-$	−0.25	$W^{3+}+3e^-\longrightarrow W$	0.10
$Sn(OH)_3^-+3H^++2e^-\longrightarrow Sn+3H_2O$	0.14	$WO_3+6H^++6e^-\longrightarrow W+3H_2O$	−0.09
$SnO_2+4H^++4e^-\longrightarrow Sn+2H_2O$	−0.18	$W_2O_5+2H^++2e^-\longrightarrow 2WO_2+H_2O$	−0.03
$Sn(OH)_6^{2-}+2e^-\longrightarrow HSnO_2^-+3OH^-+H_2O$	−0.93	$Y^{3+}+3e^-\longrightarrow Y$	−2.37
$Sr^{2+}+2e^-\longrightarrow Sr$	−2.90	$Yb^{2+}+2e^-\longrightarrow Yb$	−2.76
$Sr^{2+}+2e^-\longrightarrow Sr(Hg)$	−1.79	$Yb^{3+}+3e^-\longrightarrow Yb$	−2.19
$Sr(OH)_2+2e^-\longrightarrow Sr+2OH^-$	−2.88	$Zn^{2+}+2e^-\longrightarrow Zn$	−0.76
$Ta^{3+}+3e^-\longrightarrow Ta$	−0.60	$Zn(OH)+2e^-\longrightarrow Zn+2OH^-$	−1.25
$Tb^{3+}+3e^-\longrightarrow Tb$	−2.28	$ZnS+2e^-\longrightarrow Zn+S^{2-}$	−1.40
$Tc+2e^-\longrightarrow Tc^{2-}$	−1.14	$ZnSO_4+2e^-\longrightarrow Zn(Hg)+SO_4^{2-}$	−0.80
$TcO_4^-+8H^++7e^-\longrightarrow Tc+4H_2O$	0.40		

参考文献

[1] 肖明耀.实验误差估计与数据处理 [M].北京：科学出版社，1980.

[2] 沙定国.误差分析与测量不确定度评定 [M].北京：中国计量出版社，2006.

[3] 吴石林，张玘.误差分析与数据处理 [M].北京：清华大学出版社，2010.

[4] 姜涛，金惠玉，杜宇虹，等.基础化学实验教程 [M].哈尔滨：哈尔滨工业大学出版社，2012.

[5] 王萍萍.基础化学实验教程 [M].北京：科学出版社，2019.

[6] 文建国.基础化学实验教程 [M].北京：国防工业出版社，2006.

[7] 古凤才.基础化学实验教程 [M].3版.北京：科学出版社，2010.

[8] 宋天佑，徐家宁，程功臻，等.无机化学 [M].4版.北京：高等教育出版社，2019.

[9] 张祖德.无机化学 [M].2版.合肥：中国科学技术大学出版社，2018.

[10] 张兴晶，常立民.无机化学 [M].北京：北京大学出版社，2016.

[11] 宋其圣，董岩，李大枝，等.无机化学 [M].北京：化学工业出版社，2015.

[12] 刘又年.无机化学 [M].2版.北京：科学出版社，2021.

[13] 冯丽娟.无机化学实验 [M].3版.青岛：中国海洋大学出版社，2019.

[14] 李琳，陈爱霞.无机化学实验 [M].北京：化学工业出版社，2019.

[15] 杨芳，郑文杰.无机化学实验（中英双语版）[M].北京：化学工业出版社，2020.

[16] 包新华，邢彦军，李向清.无机化学实验 [M].北京：科学出版社，2021.

[17] 张琳萍，侯煜，刘燕.无机化学实验 [M].上海：东华大学出版社，2017.

[18] 周祖新.无机化学实验 [M].北京：化学工业出版社，2014.

[19] 叶艳青，庞鹏飞，汪正良.无机与分析化学实验 [M].北京：化学工业出版社，2021.

[20] 蔡定建，刘青云.无机化学实验 [M].2版.武汉：华中科技大学出版社，2020.

[21] 李月云，张慧，王平，等.无机化学实验 [M].2版.北京：化学工业出版社，2017.

[22] 古映莹，郭丽萍.无机化学实验 [M].北京：科学出版社，2016.

[23] 韩福芹，王丽丽，曹晶晶.无机化学实验 [M].北京：化学工业出版社，2019.

[24] 和玲，梁军艳.无机与分析化学实验 [M].北京：高等教育出版社，2020.

[25] 马荔，陈虹锦.无机与分析化学实验 [M].北京：化学工业出版社，2019.

[26] 崔学桂，张晓丽，胡清萍.基础化学实验（Ⅰ）无机及分析化学实验 [M].2版.北京：化学工业出版社，2007.

[27] 徐寿昌.有机化学 [M].2版.北京：高等教育出版社，1993.

[28] 邢其毅，裴伟伟，徐瑞秋，等.基础有机化学 [M].3版.北京：高等教育出版社，2005.

[29] 高鸿宾.有机化学 [M].5版.北京：高等教育出版社，2014.

[30] 王积涛.有机化学 [M].3版.天津：南开大学出版社，2011.

[31] 胡宏纹.有机化学 [M].3版.北京：高等教育出版社，2006.

[32] 赵鸿斌，林原斌，阳年发.有机化学实验 [M].长沙：湖南科学技术出版社，2002.

[33] 熊洪录，周莹，于兵川.有机化学实验 [M].北京：化学工业出版社，2011.

[34] 陈锋，王宏光.有机化学实验 [M].北京：冶金工业出版社，2013.

[35] 徐家宁，张锁秦，张寒琦.有机化学实验 [M].北京：高等教育出版社，2006.

[36] 高占先.有机化学实验 [M].4版.北京：高等教育出版社，2004.

[37] 李兆陇，阴金香，林天舒.有机化学实验 [M].3版.北京：清华大学出版社，2001.

[38] 焦家俊.有机化学实验 [M].上海：上海交通大学出版社，2000.

[39] 胡春.有机化学实验［M].北京：中国医药科技出版社，2007.
[40] 胡昕，彭化南，计从斌.有机化学实验与问题解答［M].上海：复旦大学出版社，2018.
[41] 曾向潮.有机化学实验［M].4版.武汉：华中科技大学出版社，2015.
[42] 黄艳仙，黄敏.有机化学实验［M].北京：科学出版社，2016.
[43] 徐元清，王玉霞.有机化学实验［M].郑州：河南大学出版社，2017.
[44] 马楠，杨宇辉.有机化学实验［M].北京：化学工业出版社，2018.
[45] 龙小菊，范宏，姜建辉.有机化学实验［M].天津：天津科学技术出版社，2010.
[46] 周志高，初玉霞.有机化学实验［M].4版.北京：化学工业出版社，2014.
[47] 傅献彩.物理化学［M].5版.北京：高等教育出版社，2005.
[48] 印永嘉，奚正楷，张树永.物理化学简明教程［M].4版.北京：高等教育出版社，2007.
[49] 天津大学物理化学教研室.物理化学［M].6版.北京：高等教育出版社，2017.
[50] 袁誉洪.物理化学实验［M].2版.北京：科学出版社，2021.
[51] 复旦大学.物理化学实验［M].3版.北京：高等教育出版社，2004.
[52] 顾文秀，高海燕.物理化学实验［M].北京：化学工业出版社，2019.
[53] 彭娟，宋伟明，孙彦璞.物理化学实验数据的Origin处理［M].北京：化学工业出版社，2019.
[54] 王亚珍，彭荣，王七容.物理化学实验［M].2版.北京：化学工业出版社，2019.
[55] 关高明，江涛，蒋辽川.物理化学实验［M].2版.广州：华南理工大学出版社，2017.
[56] 刘勇键，白同春.物理化学实验［M].2版.南京：南京大学出版社，2009.
[57] 钟金莲，王燕飞，李勋.物理化学实验［M].北京：中国石化出版社，2020.
[58] 冯莉，石美.物理化学实验［M].北京：化学工业出版社，2021.
[59] 赵炜，石美.高等物理化学实验［M].北京：化学工业出版社，2020.
[60] 王军.物理化学实验［M].2版.北京：化学工业出版社，2015.
[61] 何畏.物理化学实验［M].北京：科学出版社，2018.
[62] 崔玉红，赵占芬，梁山，等.基础物理化学实验［M].天津：天津出版社，2018.
[63] 张严.物理化学实验［M].北京：化学工业出版社，2021.
[64] 许新华，王晓岗，王国平.物理化学实验［M].北京：化学工业出版社，2017.